U0348316

国家中药材产业技术体系河西综合试验站（CARS-21-25）

中药材

栽培技术与安全利用

◎ 常瑛 著

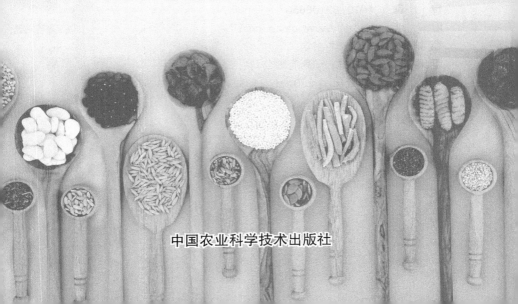

中国农业科学技术出版社

图书在版编目（CIP）数据

中药材栽培技术与安全利用／常瑛著 . —北京：中国农业
科学技术出版社，2019.6

ISBN 978-7-5116-4165-6

Ⅰ.①中… Ⅱ.①常… Ⅲ.①药用植物-栽培技术②药用
植物-利用 Ⅳ.①S567

中国版本图书馆 CIP 数据核字（2019）第 079947 号

责任编辑	于建慧	
责任校对	李向荣	

出 版 者	中国农业科学技术出版社	
	北京市中关村南大街 12 号　邮编：100081	
电　　话	（010）82109708（编辑室）　（010）82109702（发行部）	
	（010）82109709（读者服务部）	
传　　真	（010）82106650	
网　　址	http：//www. castp. cn	
经 销 者	各地新华书店	
印 刷 者	北京建宏印刷有限公司	
开　　本	880mm×1 230mm　1/32	
印　　张	7. 625	
字　　数	190 千字	
版　　次	2019 年 6 月第 1 版　2020 年 8 月第 2 次印刷	
定　　价	29. 80 元	

前　言

　　中药材是中医药的主要原材料，是在我国传统医术指导下应用的原生药材，在我国具有悠久的栽培历史。自古以来就有"药食同源"（又称为"医食同源"）的说法，唐朝时期的《黄帝内经太素》一书中写道："空腹食之为食物，患者食之为药物"，就反映出"药食同源"的思想。由于中医药的防病、治病的毒副作用小、疗效好、使用安全，是中华民族防治疾病、康复保健、繁衍后代的一大法宝，备受人们的青睐，同时也越来越被世界各国所重视，对中药材的需求量不断增加，中药材的种植已成为调整农业产业结构，提高经济收入的重要手段。目前，全国已建立中药材生产基地 600 多个。据调查，2016 年，全国中药材种植面积达 4 768 万亩[①]，年产量 400.2 万 t，市场规模达 670 亿元，在满足我国 388.9 万 t 需求的同时，出口 14.6 万 t。但在生产中，一方面野生中药材的品种和产量不断减少，虽然目前仍有 70%左右的中药材品种来自野生资源，但来自栽培和养殖仅 30%的药材品种，其生产量却占到了中药材供应量的 70%以上，栽培中药材将逐步代替野生药材；另一方面为了提高产量和防治病虫草害，大量施用化肥和农药，造成药材农药残留、重金属等有害物质超标，导致药材质量稳定性、安全性、可控性较低，影响了我国中药材的质量安全与贸易。提高中药材质量的根本途径，在于严格实行《中药材生产质量管理规范》，抓好中药材种

---

　　① 注：1 亩≈667m^2。全书同

植生产基地的建设，加速中药材生产的专业化和区域化。

随着中药材产业的进一步发展，中药材种植技术已经成为农业技术的核心内容与基础之一。为了促进中药材产业健康快速地发展，针对我国目前中药材产业发展中存在的诸多问题，根据20多年来从事中药材研究工作所积累的研究经验，撰写了《中药材栽培技术与安全利用》一书。本书系统地阐述了中药材种子丸化、种苗脱毒快繁、种子种苗质量检验标准、品种选育的方法、平衡施肥、水肥一体化栽培技术，连作障碍、病虫草害、重金属和农残超标的无公害绿色防控，中药材品质标准与鉴定以及GAP实施等方面的内容，以期为我国中药材的栽培及安全利用提供参考。本书具有很强的实践意义，是一部具有实际操作价值的图书，可供各级中药材农业技术人员和中药材生产基地专业户参考。

在本书的撰写过程中，得到了甘肃省农业工程技术研究院王伟民高级工程师、国家中药材产业技术体系河西综合试验站站长魏玉杰研究员的大力支持，并提供了宝贵资料和意见，同时也得到了李彦荣研究员等试验站成员的鼎力相助，在此表示衷心的感谢！

由于著者水平有限，加之我国中药材种植分布广，涉及面大，生产种植区域性较强，本书难免有错漏之处或以偏概全之虞，谨此恳请识者赐正。

著　者
二〇一九年元月

目　录

第一章 总 论

第一节 中药材的概念及生产意义

一、中药材的概念

中药材是中医药的主要原材料，是未经加工或未制成成品的原生中药原料，是在我国传统医术指导下应用的原生药材。一般传统中药材讲究道地药材，即在特定自然条件、生态环境的地域内所产的药材，生产较为集中，栽培技术、采收、加工也都有一定的标准，品质佳、疗效好，质量稳定，具有较高知名度的中药材，在长期使用中得到了医者与患者的普遍认可，是生物进化的结果，是天地自然最佳组合因素的产物。

中药材质量的优劣直接影响中药系列产品的质量和疗效。中药作为中华民族传统文化的瑰宝，是我国少数具有国际竞争优势的产业之一，因其防病、治病的毒副作用小，疗效好，使用安全而备受人们的青睐，是中华民族防治疾病、康复保健、繁衍后代的一大法宝，同时也越来越被世界各国所重视。

二、中药材生产的作用和意义

中药材的种植、采集和饲养过程，即是中药材的生产过程，一方面，中药材属于药品，从原则上说，对中药材的生产也应当依照规定进行监督管理；另一方面，中药材的生产，即中药材的种植、采集和饲养活动，又明显不同于一般药品的生产活动，一般药品的生产活动属于工业化生产，质量可控性强；而中药材的生产一般属于农业生产活动，质量可控性与工业化生产相比，影响因素更多，更为困难，对一般药品生产活动监督管理的规定，难以完全适用于中药材的种植、采集和饲养，同时又应当看到，要保证中药材、中药饮片和中成药的质量，也需要从中药材生产入手。在中药材原产地生产道地中药材，随着市场需求量的增加和环境及物种保护法规条例的限制，中药材的生产不得不在原产地以外的地区进行人工栽培，通过人为方法将药材移出原产地引种到其他地区的栽培，因而种植中药材是我国农业经济发展的需要。

由于历史文化、地理环境和社会发展水平不同等多种原因，各地区的中药资源开发利用程度和应用范围存在着很大的差异，形成了具有不同内涵、相对独立又相互联系的3个部分，即中药材、民间药和民族药。对于这些宝贵资源的开发与有效利用，已有悠久的历史，也是中国医药学发展的物质基础。几千年来，以之作为防治疾病的主要武器，对保障人民健康和民族繁衍起着不可忽视的作用。

我国中药材资源丰富，其中约80%为野生资源。由于长期过度采伐，资源日渐萎缩，人工栽培又面临品质退化、种子带病与农药残留超标等问题，而且在不同环境中生长的中药材，其活性物质的组成和含量也有差异，要实现中药材产业高速、可持续、健康发展，就必须着眼于产业结构调整与新技术革命的发展趋势，进行产业结构的调整和升级。尤其是近年来中药现代化发展迅速，中药材的加工越来越引起人们的重视。运用可持续发展理论，来有效指导我国中药材生产和加工向产业化、现代化发展，以达到保护珍稀中药材资源，实现中药材商品的优质高效，以及中药原料的基地化、规模化、无公害生产，利用我国中药材资源和道地药材基地生产优势，建立发展绿色中药材产品，促进中药材生产和开发的现代化和国际化，具有极其重要的意义。

（一） 满足人民医疗保健的需要

我国中药材栽培历史悠久，使用方便，价格便宜，疗效可靠，扎根于中华大地的每个角落，随处可用。中药材除防病治病外，还有滋补强壮、延年益寿的作用。因此，深受广大群众欢迎，是实现党和政府要使每个公民都享有医疗保健这一目标的有力保证。

（二） 有益于发展经济参与国际竞争

种植中药材不仅可以满足人民医疗保健需要，而且因药材经济价值高，发展药材生产还为发展山区经济，开展多种经营，扶贫致富，改变山区面貌作出了贡献。同时也为制药工业保证了原料的供应。更为重要的是在经济全球化的今天，我们应抓住机遇，利用传统优势，参与国际竞争。当今世界由于环境污染、生态失调等严重问题，"人类要回归大自然"的呼声高涨。中药材没有化学药物那种明显的毒副作用，长期服用比较安全，其优越性越来越被西方国家所接受，出口量因此大增。目前出口已达120多个国家，这是实现我国中药材现代化的一大机遇，同时也面临巨大挑战和激烈竞争。主要表现在制药企业所拥有的经济实力和国际市场占有份额的较量。西方国家开发一个化学新药往往要耗资4亿~6亿美元，历时10年以上，可以说是高科技、高投入、高产出的"三高"产业。目前我国经济实力尚不雄厚，我们必须探索一条符合国情、以弱胜强的战略方针，发挥我国的传统优势，从中草药开发新药，参与国际竞争。

（三） 丰富了祖国及世界医药学宝库

世界上知名的传统医药体系有四个，即中国、埃及、罗马和印度，随着历史的变迁，仅中医药体系经受了时间的考验，前途无限光明。不仅14亿多中国人及大量华裔应用中医药，而且包括欧美各国的政府和人民都不约而同地把希望的目光投向中国的传统医药，由此可见，中医药大步走向世界，并成为医疗主流体系，已经是不可逆转的趋势。

中药材是中医药和大健康产业发展的物质基础，是关系国计民生的战略性资源。健康有序的中药材种植业，对于发展持续健康的中医药事业和大健康产业，对于增加农民收入、加快"三农"问题解决、促进生态文明建设，具有十分重要的意义。

第二节　中药材发展概况

一、我国中药材发展概况

我国劳动人民几千年来在与疾病作斗争的过程中，通过实践，不断认识，逐渐积累了丰富的医药知识。在远古时代，中华民族的祖先发现了一些动植物可以解除病痛，积累了一些用药知识。随着人类的进化，开始有目的地寻找防治疾病的药物和方法，所谓"神农尝百草""药食同源"，就是当时的真实写照。由于太古时期文字未兴，这些知识只能依靠师承口授，后来有了文字，便逐渐记录下来，中药出现了医药书籍。长沙马王堆出土的《五十二病方》是我国最早的医学方书。这些书籍起到了总结前人经验并便于流传和推广的作用。中国医药学已有数千年的历史，是我国人民长期同疾病作斗争的极为丰富的经验总结，对于中华民族的繁荣昌盛有着巨大的贡献。

由于药物中草类占大多数，所以记载药物的书籍便称为"本草"。据考证，秦汉之际，本草流行已较多，但可惜这些本草都已亡佚，无可查考。现知的最早本草著作称为《神农本草经》，著者不详，根据其中记载的地名，可能是东汉医家修订前人著作而成。《神农本草经》全书共3卷，收载药物包括动物、植物、矿物3类，共365种，每项药物下有性味、功能与主治，另有序例简要地记述了用药的基本理论，如有毒无毒、四气五味、配伍法度、服药方法及丸、散、膏、酒等剂型，可说是汉以前我国药物知识的总结，并为以后的药学发展奠定了基础。到了南北朝，梁代陶弘景（公元452—536年）将《神农本草经》整理补充，著成《本草经集注》一书，其中增加了汉魏以下名医所用药物365种，称为《名医别录》。每药之下不但对原有的性味、功能与主治有所补充，并增加了产地、采集时间和加工方法等，大大丰富了《神农本草经》的内容。到了唐代，由于生产力的发展以及对外交通日益频繁，应形势需要，政府指派李绩等人主持增修陶氏所注本草经，称为"唐本草"后又命苏敬等重加修正，增药114种，于显庆四年（公元659年）颁行，称为《新修本草》，又称《唐新本草》或《唐本草》，此书由当时的政府修订和颁行，所以可算是我国也是世界上最早的一部药典。这部本草载药844种，并附有药物图谱，开创了我国本草著作图文对照的先例，不但对我国药物学的发展有很大影响，而且不久即流传国外，对世界医药的发展作出了重要贡献。

中国中药材资源储量丰富，品种齐全。据第3次全国中药资源普查统计显示，我国中药材资源种类有12 807种，其中，药用植物11 146种，药用动物1 581种，药用矿物80种（林玉红，2012）。我国中药材生产历史悠久，但我国中药材种植栽培比农作物的栽培历史短，除少数几种药材有几百年上千年的引种栽培历史外，绝大部分只有几十年的引种栽培史（王进旗等，2005）。历史上我国的中药材主要依靠野生资源，临床使用的中药材大部分都直接来自大自然。但长期以来，随着临床需要的不断增长，野生药材越来越不能满足人们的需要。从20世纪50年代起，我国大力发展中药材的栽培和养殖，某些质量较高的道地药材逐渐在当地被人工驯化，转变为栽培药材供应临床，例如牡丹、菊花、黄连、地黄等。从60年代开始，科研人员深入全国各地开展中药材引种栽培研究，帮助当地发展中药材生产并建立中药材的研究机构，解决了诸多中药材生产中的问题，先后开展了黄连、当归、贝母、天麻、金银花、丹参、元胡、人参、黄芩、甘草、枸杞、桔梗、红花、芍药、牡丹、肉苁蓉等中药材的栽培技术研究，取得了良好的经济和社会效益，已经成为当地的支柱产业和脱贫途径。

但是，中药材品种和农作物一样，品种和栽培技术需要更新换代，分散种植模式在一定程度上增加了优良品种和优质高产栽培技术的推广难度。我国中药材种植和养殖已经有很长的历史，在不断的发展过程中陆续形成了一些地道药材的主产区，如云南文山的三七，甘肃岷县的当归、渭源的党参，河南的"四大怀药"山药、菊花、牛膝、生地，四川的川芎、泽泻等地。虽然目前仍有70%左右的中药材品种来自野生资源，但30%来自栽培和养殖的药材品种，其生产量却占到了中药材供应量的70%以上（曹海禄等，2015）。2012年，全国药材种植总面积约140万公顷（不含林下种植面积），《中华人民共和国药典》（2010年版）收载药材品种达616个，种植养殖品种近在300个，其中生产供应以栽培（养殖）为主的近200种，占常规使用品种的40%以上，基本满足了中医药临床用药、中药产业和健康服务业快速发展的需要。随着人口的膨胀，中医走向世界，以及人们环境保护意识的增强，栽培中药材将逐步代替野生药材，中药栽培将成为我国农村经济一个新的增长点。

近年来，我国中药材种植已形成一定规模，栽培品种多，地道药材优势明显，全国各地种植中药材的势头很猛，区域分布相对集中，河南、山西、黑龙江、吉林、辽宁、浙江、湖北等省份的种植面积不断扩大，产量不断上升，收益较高。2016年全国的中药材种植面积4 768万亩，市场规模达670亿元（图1-1），年产量400.2万t，在满足我国388.9万t需求的情况下，出口量14.6万t（图1-2）。

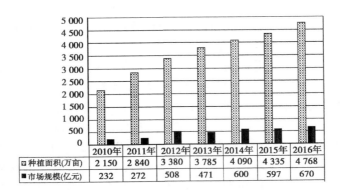

图 1-1　2010—2017 年中国中药材种植面积和市场规模

	2010年	2011年	2012年	2013年	2014年	2015年	2016年
种植面积(万亩)	2 150	2 840	3 380	3 785	4 090	4 335	4 768
市场规模(亿元)	232	272	508	471	600	597	670

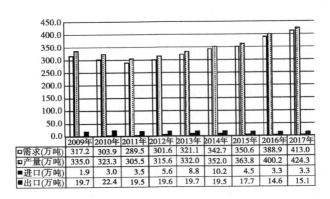

图 1-2　2009—2017 年我国中药材供需平衡走势

	2009年	2010年	2011年	2012年	2013年	2014年	2015年	2016年	2017年
需求(万吨)	317.2	303.9	289.5	301.6	321.1	342.7	350.6	388.9	413.0
产量(万吨)	335.0	323.3	305.5	315.6	332.0	352.0	363.8	400.2	424.3
进口(万吨)	1.9	3.0	3.5	5.6	8.8	10.2	4.5	3.3	3.3
出口(万吨)	19.7	22.4	19.5	19.6	19.7	19.5	17.7	14.6	15.1

二、甘肃省中药材生产概况

甘肃省是丝绸之路经济带上的重要节点，中药材种植已有1500 年历史，是全国中药材主要产区之一。为促进中药材生产的发展，甘肃省在"九五"期间分别组织实施了"优质当归丰产栽培技术研究与示范"和"优质党参丰产栽培技术示范与推广"项目,"十五"和"十一五"期间进行了中药材 GAP 示范推广,通过这些项目的研究与示范推广,使中药材产业的科技含量得到提升,产品质量得以提高。省政府先后印发《关于启动六大行动促进农民增收的实施意见》(省委发〔2008〕32 号)、《甘肃省加快发展中药材产业扶持办法》(甘政办发〔2009〕49 号)和《关于加快陇药产业发展的意见》(甘发〔2010〕8 号)等政策文件,整合资金扶持中药材产业发展,每年安排 5 000 万元专项资金,以贷款贴息形式为主支持陇药产业发展,累计投入资金 4.1 亿元。2010 年 12 月,省政府出台《关于加快培育和发展战略新兴产业的意见》,明确提出把定西、陇南作为建设全省大宗道地药材规范化种植基地,大力扶持培育和发展中药精制饮片和大宗中药材提取物。"十二五"期间,全面推动了省中药材产业规模化发展,特别在中药材种子种苗集约化生产、标准化生产基地建设、中药材加工龙头企业培育、区域专业市场及仓储运销网络建设、中药材质量检测、科技攻关、技术培训等方面取得巨大进步,为贫困地区富民增收作出了突出贡献,特色产业成为促农增收的重要支撑。《甘肃省农牧厅关于推进中药材产业规范化发展的意见》(甘农牧发〔2015〕131 号),强调在中药材主产县(市、区),从中药材种子种苗生产供应、化肥农药等投入品销售使用等进行全程监管,严禁将剧毒、高毒农药用于中药材生产,推广生物农药、配方肥和药材专用肥。鼓励中药材生产企业在产地开展初加工,产地初加工要严格按照加工操作的技术规范进行,防止加工过程造成二次污染,逐步建立产品质量可追溯体系。中药材产业已由"量的扩张"向"质的提升"转变,产业链不断延伸,"十二五"末的 2015 年种植面积和产量达 388 万亩、99 万 t,比"十一五"末增长 55.2%和 86.8%,年加工量和加工产值比"十一五"末分别增长 100%和 300%。《甘肃省

"十三五"农业现代化规划》（甘政办发〔2016〕126号），进一步优化布局，以陇南为重点，建设陇南山地亚热带暖温带中药材种植区；以陇中陇东黄土高原温带为重点，建设陇中陇东黄土高原温带半干旱中药材种植区；以青藏高原东部高寒阴湿区为重点，建设青藏高原东部高寒阴湿中药材种植区；以河西走廊温带荒漠区为重点，建设河西走廊温带荒漠干旱中药材种植区四大药材产业（区）带；以定西为重点，打造"中国药都"；以陇西县为核心，建设中医药循环经济产业示范园。重点发展当归、黄芪、党参、甘草、大黄、柴胡、板蓝根、枸杞、黄芩、款冬花等十大陇药标准化生产基地。

（一）种植历史悠久

甘肃自古以来就有"千年药都"之称，中药材种植有着悠久的历史。早在汉代我国第一部药学专著《神农本草经》就记载了甘肃地道药材当归、大黄、甘草等，至唐代，作为国内也是国际上的第一部国家药典的《唐本草》中对当归、大黄等优质品种的产地明确为"陇西""宕州""凉州"等。"千年药乡"定西、"中国当归之乡"岷县、"中国党参之乡"渭源和"中国黄芪之乡"陇西等美誉闻名海内外。

（二）地域优势突出，形成四大优势产区

由于甘肃省境内地形复杂，气候差异较大，形成了特有的地域优势，中药材分布广泛（图1-3）。经过多年的发展，甘肃已形成了特色明显的中药材生产四大优势产区。

1. 陇南山地亚热带暖温带秦药区

该区域包括陇南市、天水市清水县、秦巴山地和甘南州舟曲县的东部。海拔700~3 600 m，年降水量400~1 000 mm，年均气温6~15℃。该区山大沟深，地势陡峭，草木茂盛，气候温和，药用植物种类繁多，素有"天然药库"之称，有药用植物资源

1 000多种。天然药材品种有黄芪、红芪、纹党、杜仲、大黄、黄连、半夏、山茱萸、银杏、川贝、天麻、辛夷、川楝子、女贞子、连翘、五味子、葛根、猪苓、竹节参、白芷等。药农大面积栽培的有黄芪、红芪、纹党、大黄、杜仲、银杏、半夏、天麻、款冬花等品种。

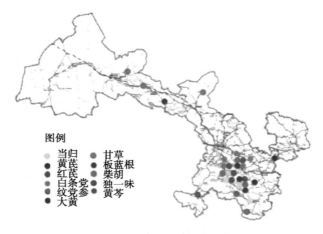

图例

○ 当归	● 甘草
● 黄芪	● 板蓝根
● 红芪	● 柴胡
● 白条党	● 独一味
● 纹党参	● 黄芩
● 大黄	

图1-3 甘肃省主要中药材分布

2. 陇中陇东黄土高原温带半干旱西药区

该区域包括定西市、天水市大部及平凉、庆阳、兰州、白银等市。海拔1 400~3 000m，年降水量300~600mm，年均气温6~10℃。该区土层深厚，光照充足，干旱少雨，适宜于喜阳耐旱药材的生长，有药用植物资源200余种。代表品种如党参、柴胡、黄芩、防风、地黄、黄芪、红芪、沙棘、半夏、远志、桃仁、杏仁、百合、车前子、蒲公英、枸杞、苍耳子、冬花、苦参、槐米等。药农大面积栽培的有党参、柴胡、大黄、黄芪、红芪、枸杞、板蓝根、黄芩、独活、防风等品种。

3. **青藏高原东部高寒阴湿中药藏药区**

该区域包括甘南州、临夏州大部，定西市南部的岷县、渭源县、漳县，祁连山北麓的天祝县、民乐县、肃南县、肃北县的南部。海拔2 000 m以上，年降水量400~1 000 mm，年均气温2~7℃。该区高寒阴湿，气候冷凉，有药用植物资源280余种。珍奇独特的品种有：虫草、雪莲、川芎、秦艽、羌活、赤芍、地黄、益母草、祖师麻、丹参等。药农大面积栽培的有当归、党参、黄芪、红芪、大黄、柴胡、冬花、羌活、秦艽等品种。

4. **河西走廊温带荒漠干旱西药区**

该区域包括武威、金昌、张掖、酒泉、嘉峪关五市。东起乌鞘岭，西至甘新边界，南依祁连山和阿尔金山，北接腾格里和巴丹吉林沙漠，大部分地区为典型的内陆干旱区。海拔900~3 600m，年降水量50~250mm，年均气温5~10℃，大陆性荒漠气候特征明显。该区有药用植物资源200余种。主要种植甘草、板蓝根、麻黄草、锁阳、肉苁蓉、红花、枸杞、小茴香等。人工大面积栽培的有甘草、麻黄草、板蓝根、小茴香、红花等。

（三）品种资源丰富

由于甘肃省地理环境复杂，海拔高低悬殊，形成强辐射、干旱、缺氧的特殊自然环境，这些特殊的地形，地貌和多样性的气候条件造就了甘肃省种类繁多，数量丰富的中药材资源。甘肃有药用植物、动物、矿物共计1 527种，其中药用植物1 270种，药用植物中有菌类35种、苔藓类4种、地衣类5种、蕨类47种、种子植物1 179种；动物类药材有资源分布的214种；矿物类43种。属于国家382个重点品种的有276种，人工栽培的有60多种，大宗道地药材有30多种（杨波，2010；蔺海明，2011），其中，当归、大黄、党参、黄芪、红芪、甘草、柴胡、猪苓、半夏、款冬花、苦参、杏仁、地骨皮、刺五加、赤芍、远志、麻黄、羌活等品种产量大，品种优良，而且大部分是早期开发、中医临床最为常用的品种。甘肃省集中连片种植的有 50 多种，种植面积在万亩以上的 20 种。当归、党参、黄芪、甘草、大黄、柴胡、板蓝根、枸杞、黄芩、冬花并称"十大陇药"，特别是黄芪、当归、党参、大黄、甘草并称"陇药五金花"，在国内外负有盛名。

（四）种植面积大，产量占比高

甘肃省是我国重要的中药材原产地和主产地。改革开放 30 年来，甘肃省中药材种植面积和产量迅速增加（表 1-1），2015 年，甘肃省中药材种植面积达到 388 万亩，产量 99 万 t，均居全国第一，当归、党参、黄芪等优势大宗中药材种植面积均达 50 万亩以上，分别占全国同类品种产量的 90%、60% 和 50% 以上，出口量占全国的 90% 以上（杨世智，2016）。岷县当归、渭源党参、陇西黄芪、礼县大黄等 13 个道地中药材品种获得国家原产地标志认证。甘肃省地域广阔，地形复杂，大陆性气候明显，昼夜温差大，降水和热量与药材生产同步，且同一区域内海拔高度差异大，药材资源水平分布与垂直分布相互交错，特别是陇南、定西、甘南及河西北部等大部分地区是中药材生产适宜区域。全省有 70 个县（区）种植中药材，其中 10 个县（区）面积在 5 万亩以上，3 个县（区）在 20 万亩以上，目前已初步形成了定西和陇南两个主产区，种植面积已达到 200 万亩以上，其中，陇西、岷县等县中药材种植面积在 30 万亩以上，渭源、宕昌两个县中药材种植面积 20 万亩以上，武都、漳县、民乐、瓜州、临洮、华亭、靖远、民勤、临潭、榆中等县（区）种植面积在 10 万亩以上。通渭、西和、礼县、会宁、景泰、玉门、甘谷、秦州、清水、卓尼、康乐、和政等县（市、区）中药材种植面积都在 5 万亩以上。驰名中外的甘肃地道中草药当归、党参、黄芪、红芪、大黄等，种植面积均排在全国首位。

表 1-1　甘肃省中药材种植统计

年度	1978年	2002年	2004年	2007年	2008年	2010年	2015年
种植面积（万亩）	22.05	199.13	210.11	224.1	230	247.78	388
产量（万t）	1.28	30.58	34.11	40.89	40	50.36	99
产值（亿元）		15.06			26	31.03	200

　　全省药材产区山地、高原约占总面积的 2/3，适宜药材种植的"三荒地"资源较多，并且大部分为森林土壤、草原土壤和荒漠土壤三大系列，以灰钙土、黄绵土、黄棕壤等土质为主，适宜不同种类的药材生长。得天独厚的土地和气候条件为甘肃省发展中药材产业提供了无比优越的自然条件。目前，甘肃省大宗中药材地道品种当归、党参、黄芪、大黄、甘草等年产量分别占该品种全国总产量的 95%、60%、50%、60% 和 25% 以上。同时，引进的品种也已形成规模优势，其中柴胡和板蓝根产量分别约占全国产量的 40% 和 65%，规模优势明显（吴佩宝等，2011）。

（五）品牌优势突出

　　甘肃省复杂的气候环境形成了具有生态品种优势的中药材，甘肃省定西地区的岷县、渭源、陇西县被中国农学会特产之乡组委会分别命名为"中国当归之乡""中国党参之乡""中国黄芪之乡"；西和县被称为"中国半夏之乡"；礼县素有"大黄之乡"之称。当归、党参、黄芪、大黄，半夏分别获得农业部"特产之乡"认证。有 8 处中药材种植基地获得国家（中药材生产质量管理规范 GAP）认证，7 个基地通过农业部无公害基地认证，18 个道地中药材获得国家原产地标志认证。

（六）生产初具规模，种植面积逐年增大

　　近年来，随着国家产业政策向特色产业转移，甘肃省中草药的种植面积不断扩大。甘肃省的中药材生产已经初具规模，形成了以岷县、渭源、陇西等为中心的当归、黄芪、党参生产基地。甘肃省定西市是全国地道药材的重要产区之一，自古以来就以"千年药都"之称。甘肃省的中药材生产发展迅速，并使优势中药材产业向适生区汇聚。

第三节　中药材发展存在的问题

中药行业近年来顺应国际上绿色消费的热潮，在产业化和规模化上找到了正确的方向，实现了超过其他行业的发展速度和效益水平，但也存在着知识产权流失严重，国际市场份额下降，科技研发力量薄弱，相关国家政策法规不完善等问题，不断变化的产业环境促成了中药行业挑战与机遇并存局面。

我国中药材种植和养殖已经有很长的历史，在不断的发展过程中陆续形成了一些地道药材的主产区，例如，云南文山的三七，甘肃岷县的当归，渭源的党参，河南的"四大怀药"山药、菊花、牛膝、生地，四川的川芎、泽泻等地。自 2010 年中药材价格暴涨以来，农民的种植积极性空前提高，除了一些传统的药材种植区不断扩大种植规模以外，还涌现出不少新的产区，这些新产区将原来种粮食的土地也用来种植中药材，一时间中药材种植风在全国各地掀起，在中药材种植业疯狂发展的同时，各种问题也接踵而来。中药材生产科技水平较为落后，种植方法较为原始，缺乏中药材生产管理规范是主要问题。主要表现在以下几个方面。

一、不合理的开发利用，野生资源消耗速度过快

当前对野生中药材资源保护措施不力，受价格和市场等因素的影响，常遭掠夺性开发，导致毁灭性破坏，如肉苁蓉、川贝母、石斛、穿龙薯蓣、冬虫夏草等，由于环境恶化，生态平衡失调，有些药用植物分布区域缩小，甚至减少到物种灭绝的边缘。

二、中药材栽培、加工技术不规范

对道地药材的开发和利用不充分，大宗药材的种植缺乏严格的规程，生产管理粗放，产量低、质量差的现象较为普遍。中药现代化是以中药材栽培研究的现代化为基础。作为中药的源头部分的中药资源，特别是中药材生产，必须首先实现现代化，才能保证中药现代化的实现。要把高质量绿色中药材的生产研究作为中医药发展与加速中药走向世界的首要工作，没有现代化的中药材栽培研究作支撑，就难以生产质量优良的中药材，安全有效、质量稳定、服用方便的现代中药生产就无从谈起，中药现代化就成为无水之源。

三、种子种苗的提纯复壮和优良品种选育工作滞后，造成中药材的质量不稳定

由于大多数药用植物引种栽培历史较短，因此保留着许多野生性状，栽培的中药材种质混杂，表现为种内变异的多样性。种子种苗的提纯复壮和优良品种选育工作不及时，是造成中药材质量极不稳定的主要原因。

四、种植技术落后，机械化程度相对较低

目前我国中药材种植区域除了浙江沿海一带经济发展水平相对较高以外，其他大部分地区处于经济相对落后的水平，例如西北的甘肃、青海、宁夏回族自治区（全书简称宁夏），华中的山西、陕西、河南、安徽，西南的云南、四川、贵州等。这些种植中药材的地区以高原、丘陵、山地为主，因受地形限制，很难进行机械化作业，基本还是依靠药农人工耕作，种植技术落后，效率低下。

五、文化程度不高，盲目跟风热普遍存在

从事中药材种植的大多是普通农民，他们文化程度普遍偏

低，他们种植中药材主要是受药材行情利好的影响，觉得种植药材比种植粮食划算，在种的时候都是一哄而上，盲目跟风，少有人会对药材未来的走势做考虑，当辛苦几年把药材种出来的时候，发现市场需求有限，价格也已经远远低于刚开始种植时的价格，甚至出现药贱伤农、血本无归的情况。

六、种植历史较短，药材种源质量难保证

在我国中药材种植栽培比农作物的栽培历史短，除少数几种药材有几百年上千年的引种栽培历史外，绝大部分只有几十年的引种栽培史，利用时间不长，如乌拉尔甘草野生变家种只有几十年引种栽培史，许多问题还在研究过程中，同属胀果甘草、光果甘草还没有引种栽培的报道。地黄、丹参、板蓝根、人参栽培已有成熟的栽培品种，但分化、退化严重。一些地方种植的黄芪、大黄等药材，生长年限不够，很难达到药用标准。还有"亳菊""怀菊"本是以生长地命名，各有自己的特色和药效，但自菊花涨价后，种植户们不管是亳菊、怀菊还是杭白菊，甚至其他普通白菊，只要是菊花就种植，最后导致种源混淆，品质下降。

七、管理采收粗放，药材品质大打折扣

中药材种植属低门槛行业，只要有土地和人力就可以种植。目前我国中药材种植技术还比较落后，种植户在田间管理上比较粗放，在使用化肥、农药时也没有标准可言，往往造成中药材出现农残、药残、重金属超标。在对中药材采收加工过程中，对药材的采收时间把握不准，加工粗放，滥用硫黄等也严重影响药材的质量。

八、市场信息不畅，产业健康度亟须改善

现在网络通信技术虽然已经非常发达，但在中药材种植端仍然存在市场信息不对称，货源销售困难等问题。农民在种植中药

材时，往往只是看到当时价格高，觉得种植药材比种植粮食效益高，他们很难意识到药材和日常所需农产品的根本差异。药材属于特殊农产品，主要应用在医药领域，不像水果蔬菜是生活必需品，当药材的供应量超出刚性需求时，就会造成产能过剩。在这种情况下，药农对外界市场信息不够了解，就会出现货源无人问津的结果。

九、中药材中农药残留、有害重金属含量超标

在栽培过程，一是中药材往往遭受到多种病虫的为害，直接影响中药材的产量和质量，造成重大经济损失。病虫害种类多、为害重、损失大，由于药农对农药缺乏有关常识，滥用、误用农药问题突出。中药材中的农药残留问题，直接影响人体健康，阻碍中药走向国际市场。二是环境污染，某些中药材生长地区受到工业废液、废气等严重污染；某些地区土壤含有砷、铅等有害元素，有些中药材在生长过程中富集这些有害元素。经赵蓉（2016）对白芍、西洋参、金银花、黄芪、枸杞子、甘草、丹参、山楂 8 种中药材重金属的研究发现，重金属超标率分别为34.25%、29.06%、27.27%、24.34%、22.22%、20.32%、13.07%、10.00%，其中金银花、甘草、黄芪、西洋参中 Cd 的超标率最高，依次为23.84%、18.97%、22.03%、34.57%，甘草 Cd 的平均含量是限量标准值的 5.27 倍；丹参、枸杞子中 Cu 的超标率最高，依次为13.23%和28.44%；白芍中 Hg 的超标率最高为46.67%，平均含量是限量标准值的 3.95 倍。

第二章　中药材资源分布及分类

第一节　我国中药材资源及分布

我国中药材资源品种繁多，种植零散分布。据统计，我国63%的中药材资源分布在西部12个省（区、市）。其中一部分为天然资源，即来源于野生动植物和天然矿物的中药材；一部分为生产资源，即来源于人工种植的植物类药材、人工驯养的动物类药材和合成的矿物加工品。

我国天然中药材资源的品种较为丰富。根据中国药材公司和全国中药资源普查办公室组织，历时近10年（1983—1993年）进行的全国中药资源普查工作的调查结果，中国目前有药用植物、动物和矿物12 807种，其中药用植物11 146种以上。一些重要的药材例如甘草、麻黄、冬虫夏草、羌活等来自野外，药用动物1 581种，药用矿物80种。以野生资源为主的有170~200种，占药材总数的60%以上。

一、我国中药材资源及分区

我国幅员辽阔，自然环境复杂，条件优越，中药材资源丰富，中药材的分布呈现不均衡性。中药材种类分布规律是从东北至西南由少增多，由1 000种增加到5 000种；常用药材的蕴藏量则以北方最多，向南逐渐减少。根据我国自然地理分布、气候特点、土壤和植被类型，按照《全国道地药材生产基地建设规划（2018—2025年）》，将药用植物种植划分为7大道地中药材主产区，在各个中药材主产区相应分布着不同的药用动物，侧重一部分品种中药材的种植。

（一）东北道地药材产区

本区包括黑龙江、吉林以及辽宁省一部分和内蒙古自治区东北部。本区大部分属于寒温带和温带季风气候，年降水量400~700mm，长白山地区东南可达1 000mm。区内森林茂密、气候冷凉湿润，分布的品种虽较少，但珍贵和稀有的药用动植物种类多。本区药用植物达1 600多种，是我国重要的林区之一和我国北方重要的药材产区，有"世界生物资源金库"之称，野生植物约1 600种，药用植物900多种，中药材种植面积约占全国的5%，是关药主产区。本区域优势道地药材品种主要有人参、鹿茸、北五味、关黄柏、辽细辛、关龙胆、辽藁本、赤芍、关防风等。该区的主攻方向是优质林下参种植，园参连作障碍治理，梅花鹿、马鹿人工养殖，赤芍、防风仿野生种植等。

（二）华北道地药材产区

本区包括辽东、山东、黄淮海平原、辽河下游平原、西部的黄土高原和北部的冀北山地。本区域大部属亚热带季风气候，夏热多雨温暖，冬季晴朗干燥；春季多风沙。降水量一般在400~700mm，沿海个别地区达1 000mm，黄土高原则较干燥。区内中药资源丰富，品种多，产量大，平原广阔，药材生产潜力大、生产水平高，有药用植物1 500多种。中药材种植面积约占全国的7%。是北药主产区。本区域优势道地药材品种主要有黄芩、连翘、知母、酸枣仁、潞党参、柴胡、远志、山楂、天花粉、款冬花、甘草、黄芪等。该区主攻方向是开展黄芪、黄芩、连翘野生抚育，规范柴胡生产，提升党参、远志加工贮藏技术等。

（三）华东道地药材产区

本区包括江苏、浙江、安徽、福建、江西、山东等广大亚热带东部地区。本区属热带、亚热带季风气候，是浙药、江南药、淮药等主产区。平均海拔 500m 左右，部分低山可达 800~1 000m，长江中下游平原，海拔在 50m 以下。本地区气候温暖而湿润，冬温夏热，四季分明。平均年降水量在 800~1 600 mm，由东南沿海向西北递减，是我国道地药材"浙药""江南药"和部分"南药"的产区，有药用植物 2 500 多种。中药材种植面积约占全国的 11%。本区域优势道地药材品种主要有浙贝母、温郁金、白芍、杭白芷、浙白术、杭麦冬、台乌药、宣木瓜、牡丹皮、江枳壳、江栀子、江香薷、茅苍术、苏芡实、建泽泻、建莲子、东银花、山茱萸、茯苓、灵芝、铁皮石斛、菊花、前胡、木瓜、天花粉、薄荷、元胡、玄参、车前子、丹参、百合、青皮、覆盆子、瓜蒌等。该区主攻方向是恢复生产杭白芍、杭麦冬、浙白术、茅苍术、杭白芷、苏芡实、建泽泻等传统知名药材，大力发展凤丹皮、江栀子、温郁金等产需缺口较大的药材。

（四）华中道地药材产区

本区包括河南、湖北、湖南等省，属温带、亚热带季风气候，是怀药、蕲药等主产区。中药材种植面积约占全国的 16%。本区域优势道地药材品种主要有怀山药、怀地黄、怀牛膝、怀菊花、密银花、荆半夏、蕲艾、山茱萸、茯苓、天麻、南阳艾、天花粉、湘莲子、黄精、枳壳、百合、猪苓、独活、青皮、木香等。该区主攻方向是开展怀山药、怀地黄、怀牛膝、怀菊花提纯复壮，治理连作障碍，大力发展荆半夏、蕲艾生态种植，提升怀山药采收加工技术等。

（五）华南道地药材产区

本区位于我国最南部，包括广东、广西壮族自治区（全书简称广西）、福建沿海及台湾、海南，位于世界热带的最北界。本区属热带、亚热带季风气候，气候温暖，雨量充沛，年降水量 1 200~2 000mm。典型植被是常绿的热带雨林—季雨林和亚热带季风常绿阔叶林。土壤是砖红壤与赤红壤。本区生物种类丰富，药用植物 5 000 种，中药材种植面积约占全国的 6%，是南药主产区。本区域优势道地药材品种主要有阳春砂、新会皮、化橘红、高良姜、佛手、广巴戟、广藿香、广金钱草、罗汉果、广郁金、肉桂、何首乌、益智仁等。该区主攻方向是恢复阳春砂生产，提升何首乌、巴戟天、佛手生产技术水平等。

（六）西南道地药材产区

本区包括重庆、四川、贵州、云南等省（市）。本地区地形复杂，多为山地；海拔多为 1 500~2 000m，气候类型较多，包括亚热带季风气候及温带、亚热带高原气候，多数地区春温高于秋温、春旱而夏秋多雨。年平均降水量为 1 000mm 左右。土壤为红壤、黄壤、棕壤，是我国道地药材"川药""云药"和"贵药"的产区，有药用植物约 4 500 种，中药材种植面积约占全国的 25%。本区域优势道地药材品种主要有川芎、川续断、川牛膝、黄连、川黄柏、川厚朴、川椒、川乌、川楝子、川木香、三七、天麻、滇黄精、滇重楼、川党、川丹皮、茯苓、铁皮石斛、丹参、白芍、川郁金、川白芷、川麦冬、川枳壳、川杜仲、干姜、大黄、当归、佛手、独活、青皮、姜黄、龙胆、云木香、青蒿等。该区主攻方向是开展丹参、白芍、白芷提纯复壮，开展麦冬、川芎安全生产技术研究与推广，发展优质川药，大力发展重楼等相对紧缺品种，开展三七连作障碍治理。

（七）西北道地药材产区

本区包括内蒙古自治区（全书简称内蒙古）西部、西藏自治区（全书简称西藏）、陕西、甘肃、青海、宁夏、新疆维吾尔自治区（全书简称新疆）等省（区），区域内大部分属于温带季风气候，较为干旱，是我国降水最少，相对湿度最低，蒸发量最大的干旱地区。年降水量除天山、祁连山等少数高寒地区外，

80%以上地区降水量少于100mm，有的地区少于25mm。本区的西北荒漠草原和荒漠地区包括内蒙古西部、宁夏和甘肃北部，新疆的准噶尔分盆地、塔里木盆地，青海省的柴达木盆地等，周围被高山围绕，降水很少，是世界上著名的干燥区之一。中药材种植面积约占全国的30%，是秦药、藏药、维药主产区。本区域优势道地药材品种主要有当归、大黄、纹党参、枸杞、银柴胡、柴胡、秦艽、红景天、胡黄连、红花、羌活、山茱萸、猪苓、独活、青皮、紫草、款冬花、甘草、黄芪、肉苁蓉、锁阳等。该区主攻方向是提升当归、枸杞、党参、红花等药材的品质，发展高海拔地区大黄、红景天生产，推广秦艽、胡黄连优质栽培技术，大力发展羌活人工种植，提升党参加工贮藏技术。

二、各省区市中药材分布

北京：黄芩、知母、苍术、酸枣、益母草、玉竹、瞿麦、柴胡、远志等。

天津：酸枣、菘蓝、茵陈、牛膝、北沙参等。

上海：番红花、延胡索、栝楼、菘蓝、丹参等。

重庆：黄连、杜仲、厚朴、半夏、天冬、金荞麦、仙茅等。

河北：知母、黄芩、防风、菘蓝、柴胡、远志、薏苡、菊、北苍术、白芷、桔梗、藁本、紫菀、金莲花、肉苁蓉、酸枣等。

山西：黄芪、党参、远志、杏、小茴香、连翘、麻黄、秦艽、防风、猪苓、知母、苍术、甘遂等。

辽宁：人参、细辛、五味子、藁本、黄檗、党参、升麻、柴胡、苍术、薏苡、远志、酸枣等。

吉林：人参、五味子、桔梗、党参、黄芩、地榆、紫花地丁、知母、黄精、玉竹、白薇、穿山龙等。

江苏：桔梗、薄荷、菊、太子参、芦苇、荆芥、紫苏、栝楼、百合、菘蓝、芡实、半夏、丹参、夏枯草、牛蒡等。

浙江：浙贝母、延胡索、芍药、白术、玄参、麦冬、菊、白芷、厚朴、百合、山茱萸、夏枯草、乌药、益母草等。

安徽：芍药、牡丹、菊、菘蓝、太子参、南沙参、女贞、白前、独活、侧柏、木瓜、前胡、土茯苓、苍术、半夏、杜仲、金钱草、黄精、山楂、金银花、白蔹、白薇、萆薢、地榆、防己、藁本、葛根、茜草、青木香、三棱、商陆、射干、天麻、乌药、香附、玉竹、紫菀、荜澄茄、金樱子、蔓荆、山茱萸、桑葚、葶苈子、紫苏子、合欢皮、淡竹叶、枸骨叶、莲须、夏枯草（球）、野菊花、半边莲、大蓟、翻白草、鹿衔草、华细辛、淫羊藿、鱼腥草、龟甲、红娘子、蜈蚣等。

福建：穿心莲、泽泻、乌梅、太子参、酸橙、龙眼、栝楼、金毛狗脊、虎杖、贯众、金樱子、厚朴、巴戟天等。

江西：酸橙、栀子、荆芥、香薷、薄荷、钩藤、防己、蔓荆子、青葙、车前、泽泻、夏天无、蓬蘽等。

山东：忍冬、北沙参、栝楼、酸枣、远志、黄芩、山楂、茵陈、香附、牡丹、徐长卿、灵芝、天南星等。

河南：地黄、牛膝、菊、薯蓣、山茱萸、辛夷、忍冬、望春花、柴胡、白芷、白附子、牛蒡子、桔梗、款冬花、连翘、半夏、猪苓、独角莲、栝楼、天南星、酸枣等。

湖北：茯苓、黄连、独活、厚朴、续断、射干、杜仲、白术、苍术、半夏、湖北贝母等。

湖南：厚朴、木瓜、黄精、玉竹、牡丹、乌药、前胡、芍药、望春花、白及（白芨）、吴茱萸、莲、夏枯草、百合等。

广东：阳春砂、益智、巴戟天、草豆蔻、肉桂、诃子、化州柚、仙茅、何首乌、佛手、橘、乌药、广防己、红豆蔻、广藿香、穿心莲等。

广西：罗汉果、广金钱草、鸡骨草、石斛、吴茱萸、大戟、肉桂、千年健、莪术、天冬、郁金、土茯苓、何首乌、八角茴香、栝楼、茯苓、葛等。

海南：槟榔、阳春砂、益智、肉豆蔻、丁香、巴戟天、广藿香、芦荟、高良姜、胡椒、金线莲等。

四川：川芎、乌头、川贝母、川木香、麦冬、白芷、川牛膝、泽泻、半夏、鱼腥草、川木通、芍药、红花、大黄、使君子、川楝、黄皮树、羌活、黄连、天麻、杜仲、桔梗、花椒、佛手、枇杷叶、金钱草、党参、龙胆、辛夷、乌梅、银耳、川明参、柴胡、川续断、冬虫夏草、干姜、金银花、丹参、补骨脂、郁金、姜黄、莪术、天门冬、白芍、川黄柏、厚朴等。

贵州：天麻、杜仲、天冬、黄精、茯苓、半夏、吴茱萸、川牛膝、何首乌、白及、淫羊藿、黄檗、厚朴、白术、麦冬、百合、钩藤、续断、菊花、山药、瓜蒌、黄柏、桔梗、龙胆、前胡、通草、射干、乌梅、木瓜、三七、石斛、姜黄、桃仁、百部、仙茅、黄芩、草乌、玉竹、赤芍、秦艽、防风、泽泻、独活、茯苓、白芍、白芷、黄连、玄参、大黄、栀子、葛根、雷丸、天花粉、夏枯草、西洋参、鱼腥草、石菖蒲、苍耳子、金银花、南沙参、木蝴蝶、天南星、云木香、薏苡、火麻仁、黔党参、五倍子等。

云南：三七、云木香、黄连、天麻、当归、贝母、千年健、猪苓、儿茶、草果、石斛、诃子、肉桂、防风、苏木、龙胆、木蝴蝶、阳春砂、半夏等。

西藏：羌活、胡黄连、大黄、莨菪、川木香、贝母、秦艽、麻黄等。

陕西：天麻、杜仲、山茱萸、乌头、丹参、地黄、黄芩、麻黄、柴胡、防己、连翘、远志、绞股蓝、薯蓣、秦艽等。

甘肃：冬虫夏草、当归、大黄、甘草、羌活、秦艽、党参、黄芪、锁阳、麻黄、远志、猪苓、知母、九节菖蒲、枸杞、黄芩等。

青海：大黄、贝母、甘草、羌活、猪苓、锁阳、秦艽、肉苁蓉等。

宁夏：宁夏枸杞、甘草、麻黄、银柴胡、锁阳、秦艽、党参、柴胡、白鲜、大黄、升麻、远志等。

新疆：甘草、伊贝母、红花、肉苁蓉、牛蒡、紫草、款冬花、枸杞、秦艽、麻黄、赤芍、阿魏、锁阳、雪莲等。

黑龙江：人参、龙胆、防风、苍术、赤芍、黄檗、牛蒡、刺五加、槲寄生、黄芪、知母、五味子等。

内蒙古：甘草、麻黄、赤芍、黄芩、银柴胡、防风、锁阳、苦参、肉苁蓉、地榆、升麻、木贼、郁李等。

第二节　甘肃省中药材的资源及区划

甘肃省是全国重要的中药材原产地和主产地，素有"千年药乡""天然药库"之称，具有种植历史悠久、品种资源丰富、种植面积大等优势，其中，当归、党参、黄（红）芪、大黄、甘草、柴胡、板蓝根、枸杞、黄芩、款冬花等十大陇药品种已形成一定规模。

一、中药材资源

甘肃省位于西北黄土高原、青藏高原和内蒙古高原的交汇处，独特的地理位置和复杂多样的地形地貌、生态气候条件和多民族聚居特点，孕育了丰富的药用植物资源。加之，悠久的种植历史、良好的种植条件等有利于药材产业发展条件，使其形成种植面积大、滋补药材集中、原材料成本适中等优势。

据《第三次中药资源普查》统计，甘肃省现有药用品种1 527种，其中植物药材1 270种，动物药材214种，矿物药材43种。属于国家382个重点品种的有276种，占76%。野生药材：蕴藏量较多的有武威（18%）、定西（16%）、甘南州

（12%）、酒泉（12%）、陇南（11%）和庆阳地区（10%）。

二、特色药材种植基地

优质当归基地：以岷县、漳县、渭源、卓尼、临潭等为主；

优质白条党参基地：以渭源、陇西、临洮、漳县、宕昌、甘谷等为主；

优质纹党基地：以文县、武都、舟曲等为主；

优质黄芪基地：以陇西、渭源、岷县、会宁等为主；

优质红芪基地：以武都为主；

优质甘草基地：以瓜州、景泰、靖远、榆中为主；

优质大黄基地：以宕昌、礼县、华亭为主；

优质柴胡基地：以安定、漳县、陇西为主；

优质板蓝根基地：以民乐、甘州为主；

优质枸杞基地：以靖远、景泰、凉州、古浪、瓜州、玉门为主。

三、甘肃省道地药材与道地产区

（一）甘肃省道地药材

甘肃省道地药材资源丰富，具有滋补类药材集中、规模量大等特点，其中岷县当归、渭源党参、陇西黄芪、礼县大黄、武都红芪、民勤甘草等，均是国内外闻名的道地药材。大宗药材有当归、党参、黄（红）芪、大黄、甘草、柴胡、板蓝根、枸杞、黄芩、款冬花等。

（二）甘肃省中药区划

全省划分为5个一级区，14个二级区。

1. 陇南山地当归、纹党、红芪、贝母发展区

本区是甘肃省主要的药材产地。南部主产杜仲、辛夷、厚朴、猪苓等，栽培有党参、红芪、黄连、人参、西洋参、山茱萸

等。而北部是当归、大黄、红芪、贝母的主要产区。

（1）南部纹党、林麝保护亚区 本亚区文县是优质党参"纹党"的地道产地。武都、岩昌盛产红芪。在建设纹党、红芪生产基地的同时，林区适宜发展杜仲、黄柏、黄连、猪苓及林麝等。

（2）东部药材生产亚区 本亚区适宜发展金银花、连翘、山茱萸、桔梗等药材生产，野生药材何首乌质量好，易繁殖，亦适宜发展种植。

（3）北部当归、大黄、红芪、贝母药材亚区 本亚区中药资源丰富，并有上千年的药材种植历史和丰富的栽培加工技术。例如岷县、宕昌、漳县、渭源等县是当归主产地。地道药材"岷归"享有盛名，历史上称"马尾当归"。宕昌、礼县是大黄地道药材产地。所产商品习称"铨水大黄"。岷县、漳县产"岷贝"，为川贝母类之佳品。另外，干旱半山地尚盛产红芪等。

2. 陇东黄土高原甘草、柴胡、款冬花发展区

本区野生药材主要分布于东西两林区，以郁李仁、蕤仁、酸枣仁、秦艽、远志、淫羊藿、苦参、茜草、寄生、马兜铃、黄芩、地榆、车前子等为主。北部丘陵草原区有甘草、麻黄、远志、茵陈等品种。家种药材主要集中于华亭、灵台县关山山麓区，传统种植大黄、独活、款冬花等。本区尚适宜大力发展柴胡、黄芩、防风、知母等药材。

（1）中南部款冬花、柴胡药材生产亚区 本亚区发展款冬花、黄芪、附子、柴胡、防风、黄芩、知母等品种。

（2）西北部甘草保护发展亚区 本亚区有较丰富的甘草、秦艽、麻黄等中药资源。

（3）东西两端子午岭、关山酸枣、山楂、蕤仁保护发展亚区 本亚区除有限制地利用野生中药资源外，适宜发展大黄、伊贝母、独活等家种药材生产及养鹿业。同时尚可发展山楂、郁李

仁等木本果实类药材。

3. 陇中黄土高原党参、款冬花、半夏生产区

本区主要家种药材党参，产量大、质量好，占全国党参产量的40%。其次有地黄、牛膝、伊贝母、紫苏等。野生药材有茵陈、青蒿、蒲公英、牛蒡子、地骨皮、升麻、柴胡、小防风等。

（1）中部党参生产亚区　本亚区以定西地区为主，盛产"白条党"，以陇西、临洮、定西、渭源、通渭、会宁、秦安等7个县为党参生产基地。

（2）东部半夏、款冬花药材生产亚区　本亚区在巩固大黄、牛膝、紫苏生产的同时，以半夏、款冬花为主要发展品种，在陇山西麓注意保护和发展五味子、桑寄生、苍术、沙棘等野生中药资源。

（3）北部药材生产亚区　本亚区除少量甘草、麻黄、地骨皮外，野生药材不多。适宜发展红花、地黄、板蓝根等家种药。

（4）西部山原赤芍、升麻药材亚区　本亚区山麓有赤芍、升麻、羌活、柴胡、川贝母、猪苓、南沙参等为主要品种的野生药材，此次普查还发现有冬虫夏草分布。农区除有大量青蒿、茵陈、蒲公英、牛蒡子、苣荬菜等野生药材外，还适宜种植少量当归、党参、金银花、连翘等。

4. 甘南高原秦艽、羌活、马麝、牛黄保护区

本区分布着马麝、马鹿、水獭、秦艽、羌活、大黄、贝母、雪莲、甘松、冬虫夏草等多种中药资源。

（1）东部高山峡谷马麝资源保护亚区　本亚区山高坡陡，保留着一定数量的马麝资源。

（2）西部草原草场秦艽、羌活、牛黄发展亚区　本亚区野生药材主要有秦艽、羌活、贝母、大黄、甘松、冬虫夏草等。药牧矛盾突出。应以发展牛黄、养鹿为基本方向。

5. 河西走廊甘草、麻黄保护生产区

本区甘草、麻黄资源主要分布在农区和沙漠连接地带，锁阳、肉苁蓉分布于沙漠中。其中甘草、麻黄、锁阳资源量大，肉苁蓉零星出现。家种药材主要有红花、枸杞子、板蓝根等。祁连山地分布有秦艽、羌活、马麝、五灵脂、雪豹、冬虫夏草、贝母等中药资源。

（1）中北部农灌地、荒漠地甘草、麻黄药材亚区　本亚区应扶持甘草种植，合理利用资源，适当种植红花、小茴香、枸杞子等药材。

（2）南部祁连山地秦艽、羌活、马麝药材保护亚区　本亚区分布有大量秦艽、羌活以及大黄、贝母、马麝等资源。应采取"围山放养，定点补饲"的方法开展养麝，并合理开发野生中药资源。

第三节　中药材分类

一、根据中药材来源分类

中药材，是指未经加工或未制成成品的中药原料。中药主要由植物药（根、茎、叶、果）、动物药（内脏、皮、骨、器官等）和矿物药组成。据资料统计，我国现有的中药资源种类已达 12 807 种，其中药用植物 11 146 种、药用动物 1 581 种、药用矿物 80 种，常用的中药品种 1 000 余种，其中可人工栽培的200 多种。因植物药占中药的大多数，所以中药也称中草药。

（一）植物药

1. 根及根茎类

此类药材以植物的根或根茎入药。一是以干燥根（包括根、块根）入药，如西洋参、板蓝根、黄芩、黄芪、麦冬（块根）、玄参、地黄（块根）、当归、桔梗等；二是以干燥根茎（包括鳞茎、块茎、球茎）入药，如黄连、山药、黄精、知母、重楼、川贝母（鳞茎）、半夏（块茎）、狗脊等；三是以干燥根及根茎入药，如人参、三七、大黄、甘草、红景天、龙胆、丹参、细辛、徐长卿等。

2. 茎木类

茎木类药材是茎类药材和木类药材的统称。前者包含木本双子叶植物的茎枝、木化草本植物的茎藤、带钩茎枝、翅状附属物及茎髓；后者是木本植物茎的木质部，通称木材（一般以心材入药）。以茎类入药的，如灯芯草（茎髓）、通草（茎髓）、川木通（藤茎）、鸡血藤（藤茎）、桑寄生（茎枝）、槲寄生（茎枝）、皂角刺（茎刺）、鬼箭羽（带翅嫩枝或枝翅）、钩藤（带钩茎枝）等；以木类入药的有：沉香（木材）、苏木（心材）、降香（心材）、檀香（心材）、樟木（木材）等。

3. 皮类

皮类药材是指植物茎、枝、根的形成层以外入药的皮层部分，包括树皮、根皮、枝皮。以干燥树皮入药的植物，如肉桂、杜仲、黄柏等；以根皮入药的植物，如牡丹皮、地骨皮等；以枝皮或干皮入药的植物，如秦皮等；以干燥干皮、根皮及枝皮均入药的如厚朴等。

4. 果实及种子类

果实与种子是不同的器官，但一般在药材中未严格区分，多是果实与种子一同入药，少数是种子，也有的仅在临用时取出种子。果实类中药的药用部位通常是采用完全成熟或近成熟的果实，少数为幼果；或是干燥成熟的部分果皮或全部果皮；带有部分果实的果柄、果穗；以及果实中的维管束组织等。如以果实类入药的有枳实（幼果）、女贞子（成熟果实）、陈皮（成熟果皮）、柿蒂（宿萼）、丝瓜络（成熟果实的维管束）、橘络等；而桑葚，则以干燥果穗入药。种子类中药的入药部位有假种皮、种皮、种仁、子叶、胚、加工品等。如以种子类入药的有：肉豆蔻衣（假种皮）、龙眼肉（假种皮）、绿豆衣（种皮）、肉豆蔻（种仁）、莲子（子叶）、莲子心（胚）、薏苡仁（种仁）、酸枣仁（种仁）、淡豆豉（大豆发酵加工品）等。

5. 全草类

全草类药材，是指以草本植物的地上部分入药的药材总称，少数带有根及根茎的全草也归入此类。因此对全草类药材入药部位的描述也有两种，"干燥地上部分"和"干燥全草"。例如，以干燥地上部分入药的有：益母草、大蓟、老鹳草、佩兰、薄荷、千里光、白花蛇舌草、断血流等；以干燥全草入药的有：翻白草、颠茄草、翼首草、蒲公英等。

6. 花类

花类药材的药用部位主要为完整的花，或花的一部分如雄蕊、花柱、花粉等。一般在花含苞待放或初开时采收。例如，槐花，以干燥花及花蕾入药；西红花，以干燥柱头入药；菊花，以头状花序入药；红花、洋金花以花入药；辛夷以花蕾入药；金银花以花蕾或初开的花入药；合欢花以花序或花蕾入药等。

7. 叶类

叶类药材的药用部位包括单叶、复叶的小叶片或带叶的嫩枝梢等。例如，大青叶，以干燥叶入药；番泻叶，以小叶入药；侧柏叶，以枝梢和叶入药；另外还有艾叶、淫羊藿、罗布麻叶、十大功劳叶、紫苏叶、石韦等叶类药材。

（二）动物药

动物类中药材，有的以动物全体入药，有的以动物体的一部分入药，有的以动物的分泌物入药，有的以动物的排泄物入药，有的以动物的生理产物入药，有的用动物的病理产物入药。早在三千多年前就开始了蜂蜜的利用，而鹿茸、麝香、珍珠、阿胶等的养殖与应用也有 2 000~3 000 年的历史。

1. 全体入药

全体入药的动物类药材，如水蛭、全蝎、蜈蚣、土鳖虫、九香虫、斑蝥、僵蚕、海马、蛤蚧、金钱白花蛇、蕲蛇、乌梢蛇等，另外能够入药的"蚯蚓"品种有 4 种，参环毛蚓、通俗环毛蚓、威廉环毛蚓、栉盲环毛蚓。前一种习称"广地龙"，后三种习称"沪地龙"。

2. 动物体的一部分入药

动物体一部分入药的，如鹿茸、羚羊角、桑螵蛸、鳖甲、熊胆、阿胶、乌贼骨、石决明、穿山甲的鳞甲等。

3. 动物的分泌物入药

麝香，来源于鹿科动物林麝、马麝或原麝成年雄性香囊中的干燥分泌物。直接割取香囊，阴干后得到的叫作"毛麝香"，剖开后，可见内层皮膜呈棕色，习称"银皮"或"云皮"，内包含着颗粒状及粉末状的麝香仁。蟾酥，系蟾蜍耳后腺及表皮腺体的分泌物，白色乳状液体或浅黄色浆液，有毒，有攻毒拔毒之功效。

4. 动物的排泄物入药

以动物的排泄物入药的，例如，五灵脂（复齿鼯鼠的食物残渣排泄物）、蚕砂等。

5. 动物的生理产物入药

以动物的生理产物入药的，例如，蝉蜕、蛇蜕。

6. 动物的病理产物入药

以动物的病理产物入药的，如牛黄（牛的胆结石）、天然牛黄（从牛的胆中取出的结石）、培植牛黄、体外培育牛黄、马宝等。

（三）矿物药

是指可供药用的天然矿物、矿物加工品以及动物的骨骼化石等。在中药理论里，矿物药质重，具有沉降的趋势，作用多为清热、安神、泻下、平肝、收敛等。

1. 天然矿物

也称"原矿物"，指地壳部分的自然元素和化合物。如朱砂、石膏、滑石等。

2. 矿物加工品

指经过特殊加工的天然矿物。如芒硝、轻粉、红粉等。

3. 动物骨骼化石

为古代一些哺乳动物的骨骼化石。如龙骨、龙齿、石燕等。

二、根据中药材生产流程分类

中药包括中药材、饮片和中成药，而中药材又是饮片和中成药的原料。据调查，全国用于饮片和中成药的药材有 1 000~1 200 余种，其中野生中药材种类占 80%左右；栽培药材种类占 20%左右。在全国应用的中药材中，植物类药材有 800~900 种，占 90%；动物类药材 100 多种；矿物类药材 70~80 种。植物类药材中，根及根茎类药材在 200~250 种；果实种子类药材 180~230 种；全草类药材 160~180 种；花类药材 60~70 种；叶类药材 50~60 种；皮类药材 30~40 种；藤木类药材 40~50 种；菌藻类药材 20 种左右；植物类药材加工品如胆南星、青黛、竹茹等 20~25 种。动物类药材中，无脊椎动物药材如紫梢花、海浮石等有 30~40 种；昆虫类药材 30~40 种；鱼类两栖类、爬行类药材 40~60 种；兽类药材 60 种左右。

（一）各地生产经营的中药材种类

中药资源显著的地域性决定了我国各地生产、收购的药材种类不同，各地用药习惯不同，所经营的中药材种类和数量亦不同。全国各地生产、收购的中药材种类各具特色，构成了中药材区域化的模式。我国黄河以北的广大地区，以耐寒、耐旱、耐盐碱的根及茎类药材居多，果实类药材次之。长江流域及我国南部广大地区以喜暖、喜湿润种类为多，叶类、全草类、花类、藤木类、皮类和动物类药材所占比重较大。我国北方各省（区）收购的家、野药材一般在200~300种；南方各省（区）收购的家、野药材300~400种。东北地区栽培（饲养）种类以人参、鹿茸、细辛为代表，野生种类则以黄柏、防风、龙胆、蛤蟆油等为代表；华北地区的栽培种类以党参、黄芪、地黄、山药、金银花为代表，野生种类则以黄芩、柴胡、远志、知母、酸枣仁、连翘等为代表；华东地区栽培种类以贝母，金银花、延胡索、白芍、厚朴、白术、牡丹皮为代表，野生种类则以蝎子、蛇类、夏枯草、蟾酥、柏子仁等为代表；华中地区栽培种类以茯苓、山茱萸、辛夷、独活、续断、枳壳等为代表；野生种类则以蜈蚣、龟板、鳖甲、半夏、射干为代表；华南地区栽培种类以砂仁、槟榔、益智、佛手、广藿香为代表；野生种类则以何首乌、防己、草果、石斛、穿山甲、蛤蚧等为代表；西南地区栽培种类以黄连、杜仲、川芎、附子、三七、郁金、麦冬等为代表；野生种类则以麝香、川贝母、冬虫夏草、羌活为代表；西北地区栽培种类以天麻、杜仲、当归、党参、枸杞子等为代表；野生种类则以甘草、麻黄、大黄、秦艽、肉苁蓉、锁阳等为代表。海洋药物以昆布、海藻、石决明、牡蛎、海马等为代表种。中药材的大多数品种，在全国范围内经营调拨，药材系统每年都要举办药材商品交流会交流的中药材一般在800~1 000种，最多达几千种。在全国经营的药材品种中，常用药材500~600种，少常用药材200种左右，不常用药材约 100 种，还有少数冷门药。从各地经营规模来看，北京、天津、上海、广州等大城市一般为 700~800 种，中小城市一般在 500~600 种，县及县以下为 300~400 种。上海是我国经营药材品种较多的地区，据记载，最多时可达几千种。

（二）《中华人民共和国药典》收载的中药材种类

《中华人民共和国药典》是我国的国家药品标准。《中华人民共和国药品管理法》规定：药品必须符合国家药品标准或省、自治区、直辖市药品标准（简称地方标准）。中华人民共和国成立以来，先后颁布了 1953 年版、1963 年版、1977 年版、1985 年版、1990 年版、1995 年版、2000 年版、2005 年版、2010 年版和 2015 年版共 10 版《中华人民共和国药典》，自 1963 年第二版到 2015 年版第十版，收载药材种类明显地增加。

1985 年版药典的中药材及制品中，实际收载药材 446 种，其中，植物药材 383 种，占 86%；动物药材种，占 9%；矿物药材 21 种，占 5%。3 类药材中，植物和动物药材来源较复杂，主要表现在两个方面：一是一药多来源，在 1985 年版药典收载的 425 种植物、动物药材中，两个来源的 81 种、3 个来源的 32 种、4 个来源的 9 种、5 个来源的 3 种、6 个来源的 1 种；二是多药一来源，属于这种情况的有 42 种，其中两味药同属一来源的 38 种、3 味药同属一来源的 2 种、4 味药同属一来源的 2 种。因此，从基原统计来看，425 种植物、动物药材来自 536 个动物、植物种，隶属 160 科。

1990 年版药典收载中药材及植物油脂 509 种，包括植物药材 439 种、动物药材 47 种、矿物药材 23 种，涉及基原 627 种（不包括附录），其中以植物类居多，共 557 种，动物类 70 种。基原构成情况是：一原 373 种、二原 88 种、三原 36 种、四原 7 种、五原 6 种、六原 1 种。多基原药材品种是：三原有大黄、山慈姑、马勃、天南星、瓦楞子、五倍子、升麻、水蛭、甘草、石韦，百合、百部、竹茹、伊贝母、吴茱萸、牡蛎、青黛、郁李仁、细辛、珍珠、砂仁、威灵仙、莪术、党参、海龙、娑罗子、预知子、桑螵蛸、黄连、黄精、蛇蜕、麻黄、紫草、橘红、麝香；四原有川贝母、龙胆、苦杏仁、郁金、秦艽、秦皮、金银花；五原有石斛，陈皮、枳壳、钩藤、海马、淫羊藿；六原有石决明。

1995 年版药典收载中药材、植物油脂等 522 种，中药成方及单味制剂 398 种；2000 年版药典收载中药材、植物油脂等共534 种；2005 年版药典一部中收载药材和饮片 551 种，植物油酯和提取物 31 种，成方制剂和单味制剂 564 个；2010 年版药典一部收载药材和饮片 616 种，植物油酯和提取物 47 种，成方制剂和单味制剂 1502 个；2015 年版药典是新中国成立以来的第 10版药典，共分四部，药典一部中收载药材和饮片 618 种，植物油酯和提取物 47 种，成方制剂和单味制剂 1 493 个。

（三）地方标准收载的药材种类

地方标准属地方性用药法规，是对《中华人民共和国药典》的实施或补充，通常收载地区习用的药材。例如，药典收载的天仙子为茄科植物莨菪的种子，而广东、江西等地则习用爵床科植物岩水蓑衣的种子，称"南天仙子"。据统计，全国约有 200 多种药材的用药习惯存在地区性差异，比较普遍的有地丁、白头翁、贯众、透骨草、大青叶等。

（四）中成药及临床处方中的中药材种类

中成药是固定的成方制剂，其方剂组成涉及的药材比较广泛。中国医学教育网收集整理基本中成药收载各类中成药 700种，涉及药材 574 种（不包括不同炮制方法的药材品种）。

中成药的原料绝大部分属普遍经营的中药材，但许多配方也吸收了一些目前尚无经销的、属于民间药范畴的草药，如矮地茶、臭梧桐 7 叶、南蛇藤、菱角、秋梨、青萝卜、洋葱头、荠菜、杜鹃叶、白背叶、岗稔子、柳蘑、蜣螂、蜻蜓、鳝鱼、猪下颌骨、羊胫骨、鸡脚、麻雀脑、海螺、铁屑、铜绿和香墨等。

同中成药配方相比，临床处方有着很大的灵活性。据了解，中医处方中所用药材种类，多在 250~300 种，多者 400~500 种，基本上是市售中药材。

（五）出口的中药材种类

我国药材出口历史久远，据记载，自唐宋时代就向外输出药材。输出的药材品种主要有：朱砂、人参、牛黄、茯苓、茯神、附子、川椒、常山、远志、甘草、川芎、白术、防风、杏仁、黄芩、大黄、白芷、豆蔻、麝香、鹿茸、五加皮、薄荷、陈皮、桂皮、当归、麻黄、莨菪、樟脑、五倍子及硫黄等。

至今，我国仍是药材出口的主要国家。目前，我国出口的各类药材约有 500 种，其中植物药材主要有人参、甘草、黄芪、桔梗、龙胆、巴戟天、草乌、柴胡、防风、紫草、白芍、当归、党参、丹参、玄参、地黄、黄芩、牛膝、独活、麦冬、三七、苦参、茜草、何首乌、大黄、贝母、黄连、川芎、知母、升麻、玉竹、黄精、天麻、姜黄、白术、苍术、天南星、延胡索、贯众、杜仲、厚朴、黄柏、秦皮、石斛、钩藤、桑枝、竹茹、桑叶、艾叶、十大功劳叶、枇杷叶、淡竹叶、红花、款冬花、金银花、菊花、玫瑰花、密蒙花、蒲黄、松花粉、女贞子、五味子、枳实、枳壳、瓜蒌、益智、木瓜、春砂仁、小茴香、乌梅、山茱萸、枸杞子、山楂、酸枣仁、郁李仁、白芥子、木鳖子、麻黄、茵陈、益母草、细辛、瞿麦、锁阳、藿香、香薷、冬虫夏草、茯苓、猪苓、马勃和雷丸等；动物药材主要有鹿茸、麝香、阿胶、蜈蚣、全蝎、蛤蟆油、桑螵蛸、蜂房、龟甲与鳖甲等；矿物药材主要有赭石、朱砂、鹅管石、自然铜、龙骨和琥珀等。

第三章　中药材常见品种介绍

第一节　板蓝根

板蓝根又称靛青根、蓝靛根、大青根，为十字花科植物菘蓝的干燥根，通常在秋季进行采挖制后可入药。在中国各地均产。板蓝根分为北板蓝根和南板蓝根，北板蓝根来源为十字花科植物菘蓝（*Isatis tinctoria* L.）的根；南板蓝根为爵床科植物马蓝 [*Baphicacanthus cusia*（Nees）Brem.] 的根茎及根。植物的叶或带幼枝的叶（大青叶）以及叶的加工制成品（青黛、蓝靛）供药用。其性寒，味先微甜后苦涩，具有清热解毒、预防感冒、利咽之功效。

一、形态特征

1. 菘蓝

菘蓝（图 3-1），二年生草本，高 40 ~ 100cm；茎直立，绿色，顶部多分枝，植株光滑无毛，带白粉霜。基生叶莲座状，长圆形至宽倒披针形，长 5 ~ 15cm，宽 1.5 ~ 4cm，顶端钝或尖，基部渐狭，全缘或稍具波状齿，具柄；基生叶蓝绿色，长椭圆形或长圆状披针形，长 7 ~ 15cm，宽 1 ~

图 3-1　板蓝根

4cm，基部叶耳不明显或为圆形。萼片宽卵形或宽披针形，长2~2.5mm；花瓣黄白，宽楔形，长3~4mm，顶端近平截，具短爪。短角果近长圆形，扁平，无毛，边缘有翅；果梗细长，微下垂。种子长圆形，长3~3.5mm，淡褐色。花期4—5月，果期5—6月。

2. 马蓝

多年生草本，灌木状。茎直立，高达1m许，茎节明显，有钝棱。叶对生；叶柄长1~2cm；叶片倒卵状长圆形至卵状长圆形，或椭圆披针形，长5~16cm，宽2.5~6cm，先端渐尖，基部渐狭，边缘有浅锯齿。穗状花序顶生；苞片叶状，长1~2cm，早落；萼5全裂，其中4裂线形，另1片较大；花冠漏斗形，淡紫色，5裂，裂片短阔；雄蕊4，2强，着生于花冠筒的上方；子房上位，花柱细长。蒴果，内含种子4枚。

二、品种分类

1. 板蓝根

板蓝根又名大蓝根。为植物菘蓝的干燥根。呈细长圆柱形，长10~30cm，直径3~8mm。表面浅灰黄色，粗糙，有纵皱纹及横斑痕，并有支根痕，根头部略膨大，顶端有一凹窝，周边有暗绿色的叶柄残基，较粗的根现密集的疣状突起及轮状排列的灰棕色的叶柄痕。质坚实而脆，断面皮部黄白色至浅棕色，木质部黄色。气微弱，味微甘。以根平直粗壮、坚实、粉性大者为佳。

2. 马蓝根

马蓝根又名蓝龙根、土龙根。为植物马蓝的干燥根茎及根，全长10~30cm，灰褐色。根茎圆柱形，径为2~6mm，上部带有短的地上茎，地上茎有对生分枝，根茎有膨大的节，节上分生稍粗的根茎及细长的须根。根细长而稍弯曲，表面有细皱纹。根茎及地上茎质脆易折断，断面不平坦，略显纤维状，中央有大的髓；根部质较柔韧。气无，味淡。以条长、粗细均匀者为佳。

三、生长习性及分布

1. 菘蓝

对气候和土壤条件适应性很强，耐严寒，喜温暖，但怕水渍，我国长江流域和广大北方地区均能正常生长。种子容易萌发，15~30℃范围内均发芽良好，发芽率一般在80%以上，种子寿命为1~2年。菘蓝正常生长发育过程必须经过冬季低温阶段，方能开花结籽，故生产上就利用这一特性，采取春播或夏播，当年收割叶子和挖取其根，种植时间为5~7个月。如按正常生育期栽培，仅作留种用。分布于内蒙古、陕西、甘肃、河北、山东、江苏、浙江、安徽、贵州等地，常为栽培。

2. 马蓝

生于山地林缘较潮湿的地方。野生或栽培。分布于我国江苏、浙江、福建、台湾、广东、广西、贵州、云南、四川、湖南、湖北等地。

四、栽培方法和田间管理

1. 深翻整地合理施肥

板蓝根不适合低温积水地种植，水渍后易烂根。板蓝根系深根植物，适宜温暖湿润的气候，抗旱耐寒，怕涝，水浸后容易烂根，为了减少病虫害的发生，宜与禾本科、豆科植物垄作。一般的土壤都可以种植，但是最好选择土壤疏松，排水良好的地块种植。可以结合深翻整地合理施肥，每亩可以施农家肥3 000~4 000 kg，磷酸二铵15kg，生物钾肥4kg，均匀撒到地内并深翻30cm以上，再做成1m宽的平畦，这样有利于根部的生长、顺直、光滑、杈少。然后选择适宜时间播种。

2. 播种的时间与方法

板蓝根在北方适宜春播，并且应适时迟播，如果播种时间过早，抽薹开花早，不仅造成减产而且板蓝根的品质也会下降，最适宜的时间是 4 月 20—30 日。播种前种子用 40~50℃温水浸泡 4 小时左右后捞出用草木灰拌匀，在畦面上开一条行距 20cm，深 1.5cm 的浅沟，将种子均匀撒在沟中，覆土 1cm 左右，略微镇压，适当浇水保湿。温度适宜，7~10 天即可出苗。一般每亩用种量为 2~2.5kg。

3. 田间管理

（1）间苗定苗　播种后保持土壤湿润，出苗后，当苗高 7~8cm 时按株距 6~10cm 定苗，去弱留壮，缺苗补齐。苗高 10~12cm 时结合中耕除草，按照株距 6~9cm 行距 10~15cm 定苗。

（2）中耕除草　幼苗出土后浅耕，定苗后中耕除草，幼苗出土后浅锄，防止压伤幼苗，定苗后松土除草，地表经常保持疏松，保持地内无杂草。在杂草 3~5 叶时可以选择精禾草克类化学除草剂喷施除禾本科杂草，每亩用药 40ml，对水 50kg 喷雾。

（3）追肥浇水　收大青叶为主的，每年要追肥 3 次，第一次是在定植后，在行间开浅沟，每亩施入 10~15kg 尿素，及时浇水保湿。第 2~3 次是在收完大青叶以后追肥，为使植株生长健壮旺盛可以用农家肥适当配施磷钾肥；收板蓝根为主的，在生长旺盛的时期不割大青叶，并且少施氮肥，适当配施磷钾肥和草木灰，以促进根部生长粗大，提高产量。

第二节　当　归

当归 [Angelica sinensis (Oliv.) Diels] 属多年生草本植物，伞形科植物（图 3-2）。多年生草本，高 0.4~1m。花期 6—7 月，果期 7—9 月。当归的干燥根，别名有岷当归、秦归、云归，

西当归等，秋末采挖，除去须根
及泥沙，待水分稍蒸发后，捆成
小把，上棚，用烟火慢慢熏干。
全当归根略呈圆柱形，根上端称
"归头"。主根称"归身"或
"寸身"，支根称"归尾"或
"归腿"，全体称"全归"。全当
归既能补血，又可活血，统称和
血；当归头活血，当归身补血，
当归尾破血。

图3-2 当归

一、形态特征

当归，多年生草本，高0.4~
1m。根圆柱状，分枝，有多数肉质须根，黄棕色，有浓郁香气。
茎直立，绿白色或带紫色，有纵深沟纹，光滑无毛。叶三出式二
至三回羽状分裂，叶柄长3~11cm，基部膨大成管状的薄膜质
鞘，紫色或绿色，基生叶及茎下部叶轮廓为卵形，长8~18cm，
宽15~20cm，小叶片3对，下部的1对小叶柄长0.5~1.5cm，
近顶端的1对无柄，末回裂片卵形或卵状披针形，长1~2cm，
宽5~15mm，2~3浅裂，边缘有缺刻状锯齿，齿端有尖头；叶下
表面及边缘被稀疏的乳头状白色细毛；茎上部叶简化成囊状的鞘
和羽状分裂的叶片。

复伞形花序，花序梗长4~7cm，密被细柔毛；伞辐9~30；
总苞片2，线形，或无；小伞形花序有花13~36；小总苞片2~
4，线形；花白色，花柄密被细柔毛；萼齿5，卵形；花瓣长卵
形，顶端狭尖，内折；花柱短，花柱基圆锥形。果实椭圆至卵
形，长4~6mm，宽3~4mm，背棱线形，隆起，侧棱成宽而薄的
翅，与果体等宽或略宽，翅边缘淡紫色。花期6—7月，果期

7—9 月。

1. 叶

三出式二至三回羽状分裂，叶柄长 3~11cm，基部膨大成管状的薄膜质鞘，紫色或绿色，基生叶及茎下部叶轮廓为卵形，长 8~18cm，宽 15~20cm，小叶片 3 对，下部的 1 对小叶柄长 0.5~1.5cm，近顶端的 1 对无柄，末回裂片卵形或卵状披针形，长 1~2cm，宽 5~15mm，2~3 浅裂，边缘有缺刻状锯齿，齿端有尖头；叶下表面及边缘被稀疏的乳头状白色细毛；茎上部叶简化成囊状的鞘和羽状分裂的叶片。

2. 花

复伞形花序，花序梗长 4~7cm，密被细柔毛；伞辐 9~30；总苞片 2，线形，或无；小伞形花序有花 13~36；小总苞片 2~4，线形；花白色，花柄密被细柔毛；萼齿 5，卵形；花瓣长卵形，顶端狭尖，内折；花柱短，花柱基圆锥形。花期 6~7 个月。

3. 果

果实椭圆至卵形，长 4~6mm，宽 3~4mm，背棱线形，隆起，侧棱成宽而薄的翅，与果体等宽或略宽，翅边缘淡紫色。果期 7—9 月。

二、主要品类

1. 东当归

来源于伞形科东当归，又叫大和归、日本当归、延边当归。在东北某些地区作当归药用，吉林朝鲜族当地认为其功效与当归相似。东当归在日本和朝鲜均作当归药用。其根较当归为短，表面黄棕色或棕褐色，药材全株有细纵皱纹及横向突起的皮孔状疤痕。主根短并具有细环纹，直径为 1.5~3cm，顶端有叶柄及茎基痕，中央多凹陷，支根较多为 10 余条或更多。质地坚脆，断面皮部类白色，木部黄白色或黄棕色。气芳香，味甜而后稍苦。

2. 欧当归

为伞形科植物欧当归的根。为 1957 年从保加利亚引种，本品在性状上和药理作用上与当归不同，具有当归没有的不良反应，不能混充当归药用。欧当归的根为圆锥形，根的头部膨大，有两个以上的根头，具横环纹。表面灰棕色或灰黄色，可见侧根断去后的疤痕。质干枯无油而略韧，易折断。断面黄白色有裂隙，木部为黄白色有放射状的纹理。气香而浊，味微甘而后辛辣麻。

3. 云南野当归

伞形科云南野当归的根。在云南又称作土当归。其作用类似当归，在云南某些地区作当归药用。其根呈圆锥形，分枝较少，表面棕色、红棕色或黑棕色。根顶端具茎痕或茎残基，根头部具横环纹。表面具纵皱纹及皮孔状疤痕。质坚硬，断面黄白色。有类似当归的香气，味微甘而后苦。

4. 兴安白芷

伞形科兴安白芷的根。又叫作东北大活。在湖南和四川曾作当归引种和误用。其主根较短，支根数条，表面棕黄色或褐黄色，质地干，味辛辣而麻舌。

5. 紫花前胡

伞形科紫花前胡的根，又名鸭脚七或野当归。其主根呈不规则圆锥形，长 3~6cm，直径 1.8~2cm。表面棕褐色，有纵皱纹，顶端有叶基痕，下部生支根数条，支根长 6~9cm，直径 0.5~0.8cm。表面有纵皱纹及横向皮孔状的疤痕。质较硬易折断，折断面皮部棕褐色，木部黄棕色，也有的断面色较浅。具芳香气但与当归香气不同，味略辛辣。

6. 独活

伞形科有重齿毛的独活根，也就是正品药用独活的根。其根略呈圆柱形，下部分枝 2~3 条或更多。根头部膨大，圆锥状，根多有横皱纹。表面灰褐色或棕褐色，具纵皱纹和横向隆起的皮孔及细根痕。质较硬但受潮则变软，断面皮部灰白色有散在的棕色点状油室，木质部灰黄色至黄棕色，形成层环棕色。有特异香气，味苦辛而微麻舌。

7. 大独活

伞形科大独活的根。在吉林的一些地区又叫土当归、野当归、鲜当归。曾代当归药用。大独活根头部短粗，表面有环纹，顶部有叶基痕，下面有支根数个。表面可见纵皱纹、横向皮孔样疤痕，有的可见渗出的棕褐色黏稠的树脂样物质。质脆易断，断面皮部灰白色，木部黄白色。气芳香，味微甜而后辛苦。

由于从古到今叫当归或土当归的植物品种较复杂，除了有上述的混乱品种外，在伞形科中叫土当归的还有 20 多种，在五加科中叫土当归的有 4~5 种。另外，属于菊科、蓼科、毛茛科等多种植物的根在某些地区也叫土当归。面对如此复杂的情况，主要应从掌握正品当归的色、气、味入手。

三、生长习性及分布

为低温长日照作物，宜高寒凉爽气候，在海拔 1 500~3 000m 均可栽培。在低海的地区栽培抽薹率高，不易越夏。幼苗期喜阴，透光度为 10%，忌烈日直晒；成株能耐强光。

宜土层深厚、疏松、排水良好、肥沃富含腐殖质的沙质壤土栽培，不宜在低洼积水或者易板结的黏土和贫瘠的沙质土栽种，忌连作。

主产甘肃东南部，以岷县产量多，质量好，其次为云南、四川、陕西、湖北等省，均为栽培。国内有些省区也已引种栽培。

模式标本采自四川巫山。国外分布原产亚洲西部，欧洲及北美各国多有栽培。

四、栽培方法与田间管理

1. 当归种子繁殖

在种子发芽良好（发芽率达 70% 以上）的情况下，每亩播量以 7.5kg 左右为宜，播种前浸种 24 小时（水温 30℃）。分条播和撒播两种。撒播即在整平的畦面上，将种子均匀地撒入畦面，加盖细肥土约 0.5cm，以盖住种子为度。条播即在整好的畦面上，按行距 20cm 开横沟，沟深 3~5cm，将种子均匀播入沟内，覆盖细肥土，以不见种子为度。

2. 直播

直播分为条播和穴播，以穴播为好，按穴距 27cm，品字形挖穴，深 3~5cm，穴底整平，每穴播入种子 10 粒，摆成放射状。稍加压紧后，覆盖细肥土，厚 1~2cm，最后搂平畦面，上盖落叶，以利保湿。条播即在整好的畦面上横向开沟，沟深 5cm，沟距 30cm。种子疏散均匀地撒在沟内。苗高 10cm 时即可定苗，每穴留苗 1~2 株，株间距 5cm 左右；条播的按 20cm 株距定苗。当前在当归生产上，根据播种时间的不同直播栽培又可分为春直播、秋直播和冬直播三种。

（1）秋直播 秋直播最常用，比其他季节直播具有更长的生长期而又保持了直播栽培的优点，即不早抽薹，栽培技术简单、成本低等。在气温低的高海拔地区，宜于 7 月下旬至 8 月上旬播种，在气温稍高的低海拔地区宜于 8 月中旬至 9 月上旬播种。

（2）春直播 春直播是在当年早春播种，冬前收获的一种栽培方式。当年种，当年收，不经过冬季，无法满足春化阶段对低温的要求，所以不会早期抽薹，由于春直播生长期太短，产量较低，但在较好的栽培条件下，也可获得较高产量。

（3）冬直播　冬直播就是在冬前将种子播下，使种子在土中越冬，次年秋末收获，由于越冬期间，种子尚处于未萌动的状态，不能接受冬季低温进行了春化阶段的质变，故也能防止早期抽薹。由于冬直播是在冬季播种。春季出苗早，生长期较长，在保苗较好的情况下，产量要高于春直播。春直播与冬直播的栽培技术，除播种期不同外，其余都与秋直播大体相同。

3. 移栽

当归生产上一般为春栽，时间以清明前后为宜。过早，幼苗出土后易遭晚霜危害；过迟，种苗已萌动，容易伤芽，降低成活率。栽植方式分为穴栽和沟栽。

（1）穴栽　在整平耙细的栽植地上，按行株距33cm×27cm×27cm 三角形错开挖穴，穴深15cm。然后每穴按品字形排列栽入大、中、小苗各1株，边覆土边压紧，覆土至半穴时，将种苗轻轻向上一提，使根系舒展，然后盖土至满穴，施入适量的火土灰或土杂肥，覆盖细土没过种苗根颈2~3cm 即可。

（2）沟栽　在整好的畦面上，横向开沟，沟距40cm，沟深15cm，按3~5cm 的株距大中小相间摆于沟内，根茎低于畦面2cm，盖土2~3cm。

第三节　党　参

党参 [*Codonopsis pilosula* (Franch.) Nannf.]，桔梗科党参属，多年生草本植物，有乳汁（图3-3）。茎基具多数瘤状茎痕，根肥大呈纺锤状或纺锤状圆柱形，茎缠绕，不育或先端着花，黄绿色或黄白色，叶在主茎及侧枝上的互生，叶柄有疏短刺毛，

图3-3　党参

叶片卵形或狭卵形，边缘具波状钝锯齿，上面绿色，下面灰绿色，花单生于枝端，与叶柄互生或近于对生，花冠上位，阔钟状，裂片正三角形，花药长形，种子多数，卵形，7—10月开花结果。

党参栽培种全世界约有40种，中国约有39种，药用有21种、4个变种。中药党参为桔梗科多年生草本植物党参、素花党参、川党参及其同属多种植物的根。党参为中国常用的传统补益药，古代以山西上党地区出产的党参为上品，具有补中益气，健脾益肺之功效。现代研究发现，党参含多种糖类、酚类、甾醇、挥发油、黄芩素葡萄糖苷、皂苷及微量生物碱，具有增强免疫力、扩张血管、降压、改善微循环、增强造血功能等作用，此外对化疗放疗引起的白细胞下降有提升作用。

一、形态特征

党参，多年生草本，有乳汁。茎基具多数瘤状茎痕，根肥大呈纺锤状或纺锤状圆柱形，较少分枝或中部以下略有分枝，长15~30cm，直径1~3cm，表面灰黄色，上端5~10cm部分有细密环纹。茎缠绕长1~2m，直径2~4mm，有多数分枝，侧枝15~50cm，小枝1~5cm，具叶，不育或先端着花，黄绿色或黄白色，无毛。叶在主茎及侧枝上的互生，在小枝上的近于对生，叶柄长0.5~2.5cm，有疏短刺毛，叶片卵形或狭卵形，长1~6.5cm，宽0.8~5cm，端钝或微尖，基部近于心形，边缘具波状钝锯齿，分枝上叶片渐趋狭窄，叶基圆形或楔形，上面绿色，下面灰绿色，两面疏或密地被贴伏的长硬毛或柔毛，少为无毛。

花单生于枝端，与叶柄互生或近于对生，有梗。花萼贴生至子房中部，筒部半球状，裂片宽披针形或狭矩圆形，长1~2cm，宽6~8mm，顶端钝或微尖，微波状或近于全缘，其间弯缺尖狭；花冠上位，阔钟状，长1.8~2.3cm，直径1.8~2.5cm，黄绿色，内面有明显紫斑，浅裂，裂片正三角形，端尖，全缘；花丝基部微扩大，长约 5mm，花药长形，长 5~6mm；柱头有白色刺毛。蒴果下部半球状，上部短圆锥状。种子多数，卵形，无翼，细小，棕黄色，光滑无毛。花果期 7—10 月。

二、生长习性及分布

喜温和凉爽气候，耐寒，根部能在土壤中露地越冬。幼苗喜潮湿、荫蔽、怕强光。播种后缺水不易出苗，出苗后缺水可大批死亡。高温易引起烂根。全生育期喜阳光充足。适宜在土层深厚、排水良好、土质疏松而富含腐殖质的沙质壤土栽培。

主产中国西藏东南部、四川西部、云南西北部、甘肃东部、陕西南部、宁夏、青海东部、河南、山西、河北、内蒙古及东北等地区。朝鲜、蒙古国和苏联远东地区也有。生于海拔 1 560~3 100m 的山地林边及灌丛中。中国各地有大量栽培。

三、栽培方法与田间管理

用种子直播、育苗移栽，但以前者好。

种子处理播种前将种子用 40~45℃的温水浸泡，边搅、边拌、边放种子，待水温降至不烫手为止。再浸泡 5 分钟。然后，将种子装入纱布袋内，再水洗数次，置于沙堆上，每隔 3~4 小时用 15℃温水淋一次，经过 5~6 天，种子裂口时即可播种。也可将布袋内的种子置于 40℃水洗定次，保持湿润，4~5 天种子萌动时，即可播种。

直播法在"霜降"至"立冬"之间播种，种子不需处理。保温和防止日晒，苗高约 10cm 时逐渐拆除覆盖物，并注意及时除草松土、浇水，保持土壤湿润。

第四节　甘　草

甘草（*Glycyrrhiza uralensis* Fisch.），豆科甘草属植物（图 3-

4）。别名：国老、甜草、乌
拉尔甘草、甜根子。豆科甘
草属多年生草本，根与根状
茎粗壮，是一种补益中草药，
药用部位是根及根茎，根呈
圆柱形，长25~100cm，直径
0.6~3.5cm。外皮松紧不一，
表面红棕色或灰棕色。根茎
呈圆柱形，表面有芽痕，断
面中部有髓。气微，味甜而

图3-4 甘草

特殊。功能主治清热解毒、祛痰止咳、脘腹等。喜阴暗潮湿，日
照长气温低的干燥气候。甘草多生长在干旱、半干旱的荒漠草
原、沙漠边缘和黄土丘陵地带。根和根状茎供药用。

一、形态特征

1. 甘草

甘草，多年生草本；根与根状茎粗状，直径1~3cm，外皮
褐色，里面淡黄色，具甜味。茎直立，多分枝，高30~120cm，
密被鳞片状腺点、刺毛状腺体及白色或褐色的绒毛，叶长5~
20cm；托叶三角状披针形，长约5mm，宽约2mm，两面密被白
色短柔毛；叶柄密被褐色腺点和短柔毛；小叶5~17枚、卵形、
长卵形或近圆形，长1.5~5cm，宽0.8~3cm，上面暗绿色，下
面绿色，两面均密被黄褐色腺点及短柔毛，顶端钝，具短尖，基
部圆，边缘全缘或微呈波状，多少反卷。

总状花序腋生，具多数花，总花梗短于叶，密生褐色的鳞片
状腺点和短柔毛；苞片长圆状披针形，长3~4mm，褐色，膜质，
外面被黄色腺点和短柔毛；花萼钟状，长7~14mm，密被黄色腺
点及短柔毛，基部偏斜并膨大呈囊状，萼齿5，与萼筒近等长，

上部 2 齿大部分连合；花冠紫色、白色或黄色，长 10~24mm，旗瓣长圆形，顶端微凹，基部具短瓣柄，翼瓣短于旗瓣，龙骨瓣短于翼瓣；子房密被刺毛状腺体。荚果弯曲呈镰刀状或呈环状，密集成球，密生瘤状突起和刺毛状腺体。种子 3~11 枚，暗绿色，圆形或肾形，长约 3mm。花期 6—8 月，果期 7—10 月。

2. 胀果甘草

多年生草本；根与根状茎粗壮，外皮褐色，被黄色鳞片状腺体，里面淡黄色，有甜味。茎直立，基部带木质，多分枝，高 50~150cm。叶长 4~20cm；托叶小三角状披针形，褐色，长约 1mm，早落；叶柄、叶轴均密被褐色鳞片状腺点，幼时密被短柔毛；小叶 3~9 枚，卵形、椭圆形或长圆形，长 2~6cm，宽 0.8~3cm，先端锐尖或钝，基部近圆形，上面暗绿色，下面淡绿色，两面被黄褐色腺点，沿脉疏被短柔毛，边缘或多或少波状。

总状花序腋生，具多数疏生的花；总花梗与叶等长或短于叶，花后常延伸，密被鳞片状腺点，幼时密被柔毛；苞片长圆状被针形，长约 3mm，密被腺点及短柔毛；花萼钟状，长 5~7mm，密被橙黄色腺点及柔毛，萼齿 5，披针形，与萼筒等长，上部 2 齿在 1/2 以下连合；花冠紫色或淡紫色，旗瓣长椭圆形，长 6~12 mm，宽 4~7mm，先端圆，基部具短瓣柄，翼瓣与旗瓣近等大，明显具耳及瓣柄，龙骨瓣稍短，均具瓣柄和耳。荚果椭圆形或长圆形，长 8~30mm，宽 5~10mm，直或微弯，两种子间胀膨或与侧面不同程度下隔，被褐色的腺点和刺毛状腺体，疏被长柔毛。种子 1~4 枚，圆形，绿色，径 2~3mm。花期 5~7 月，果期 6—10 月。

3. 光果甘草

多年生草本；根与根状茎粗壮，直径 0.5~3cm，根皮褐色，里面黄色，具甜味。茎直立而多分枝，高 0.5~1.5m，基部带木质，密被淡黄色鳞片状腺点和白色柔毛，幼时具条棱，有时具短刺毛状腺体。叶长 5 ~ 14cm；托叶线形，长仅 1 ~ 2mm，早落；叶柄密被黄褐腺毛及长柔毛；小叶 11 ~ 17 枚，卵状长圆形、长圆状披针形、椭圆形，长 1.7 ~ 4cm，宽 0.8 ~ 2cm，上面近无毛或疏被短柔毛，下面密被淡黄色鳞片状腺点，沿脉疏被短柔毛，顶端圆或微凹，具短尖，基部近圆形。

总状花序腋生，具多数密生的花；总花梗短于叶或与叶等长（果后延伸），密生褐色的鳞片状腺点及白色长柔毛和绒毛；苞片披针形，膜质，长约 2mm；花萼钟状，长 5 ~ 7mm，疏被淡黄色腺点和短柔毛，萼齿 5 枚，披针形，与萼筒近等长，上部的 2 齿大部分连合；花冠紫色或淡紫色，长 9 ~ 12mm，旗瓣卵形或长圆形，长 10 ~ 11mm，顶端微凹，瓣柄长为瓣片长的 1/2，翼瓣长 8 ~ 9mm，龙骨瓣直，长 7 ~ 8mm；子房无毛。荚果长圆形，扁，长 1.7 ~ 3.5cm，宽 4.5 ~ 7mm，微作镰形弯，有时在种子间微缢缩，无毛或被疏毛，有时被或疏或密的刺毛状腺体。种子 2 ~ 8 枚，暗绿色，光滑，肾形，直径约 2mm。花期 5—6 月，果期 7—9 月。

二、生长习性及分布

甘草主要分布于新疆、内蒙古、宁夏、甘肃、山西，野生为主。人工种植甘草主产于新疆、内蒙古、甘肃的河西走廊，陇西的周边，宁夏部分地区，生长于干燥草原及向阳山坡。在亚洲、欧洲、澳洲、美洲等地都有分布。

三、栽培方法与田间管理

1. 土壤选择

栽培甘草应选择地下水位 1.50m 以下，排水条件良好，土层厚度大于 2m，内无板结层，pH 值在 8 左右，灌溉便利的沙质土壤较好。翻地最好是秋翻，若来不及秋翻，春翻也可以，但必须保证土壤墒情，打碎坷垃、整平地面，否则会影响全苗壮苗。

2. 品种选择及种子处理

良种是夺取甘草高产的内在因素。一般选用乌拉尔甘草和胀果甘草为当家品种。采用种子做播种材料者，播前种子用电动碾米机进行碾磨，或将种子称重置于陶瓷罐内，按1kg种子加80%的浓硫酸30ml进行拌种，用光滑木棒反复搅拌，在20℃温度下经过7小时的闷种，然后用清水多次冲洗后晾干备用，发芽率可达90%以上。

3. 播种

甘草在春、夏、秋3个季节均可播种，其中以夏季的5月播种为最好，此时气温较高，出苗快，冬前又有较长的生长期。播前施用优质农家肥每亩4 000 kg、磷酸二铵每亩35kg做基肥，若用种子播种，播种方法可采用条播或穴播较好，播种量每亩2~2.5kg，行距30~40cm，株距15cm，播深2.5~3cm，每穴3~5粒，播后覆土耙糖保墒。

4. 施肥

第2、第3年每年春季秧苗萌发前追施磷酸二铵每亩25kg。并开沟施于行侧10cm深处，沟深15cm，施肥后覆土。

5. 灌水

播种当年灌水3~4次，每次灌水量一般在每亩85m³，第1次灌水在出苗后1个月左右进行，以后每隔1个月灌水1次，10月中旬灌越冬水，第2、第3、第4年可逐渐减少灌水次数。

6. 间苗

当甘草秧苗长到15cm高时可进行间苗，株距15cm，每亩保苗约20 000株左右。

7. 中耕除草

播种当年一般中耕3~4次，以后可适当减少中耕次数，结合中耕主要消灭菟丝子等田间杂草。

8. 采种

若采用人工种植栽培时必须年年采种，在开花结荚期摘除靠近分枝梢部的花与果，即可获得大而饱满的种子。采种应在荚果内种子由青变褐时，即进行定浆中期最好，此时种子硬实率低，处理简单，出苗率高。采种时间不宜过早，否则播种后影响种子的发芽率，造成缺苗断垄。

第五节　黄　芪

黄芪又名绵芪，为豆科黄芪属植物（图3-5），多年生草本，高50~100cm。主根肥厚，木质，常分枝，灰白色。茎直立，上部多分枝，有细棱，被白色柔毛。多年生草本，高50~100cm。全球约2 000多种，分布于北半球、南美洲及非洲。

我国有278种、2亚种、35变种、2变型，南北各省（区）均产。药用黄芪根据《中华人民共和国药典》有2种，即蒙古黄芪（*Astragalus mongholicus* Bunge.）和膜荚黄芪 ［*Astragalus membranaceus*（Fisch.）Bge.］。历史上商品黄芪以野生为主，但由于长期大量无序采挖，自然资源造成大量浪费，目前野生黄芪资源已近枯竭，大面积成规模的野生黄芪资源十分罕见，仅在黑龙江大兴安岭地区的呼玛河流城及甘河、委勒根河流域，四川的阿坝、甘

图3-5　黄芪

孜等偏远地区有部分野生资源。近年来黄芪的大规模引种，在一定程度上缓解了野生资源的不足。由于膜荚黄芪在栽培过程中根部形态变异较大，而蒙古黄芪相对稳定，因此，近几年黄芪栽培以蒙古黄芪为主。蒙古黄芪主要的栽培地区有甘肃、山西、内蒙古、黑龙江、河北等地。膜荚黄芪则主要分布于吉林、辽宁、陕西、宁夏等地。

由于长期大量采挖，近几年来野生黄芪的数量急剧减少，有趋于绝灭的危险。为此确定该植物为渐危种，国家三级保护植物。

一、形态特征

黄芪，羽状复叶，有 13～27 片小叶，长 5～10cm；叶柄长 0.5～1cm；托叶离生，卵形，披针形或线状披针形，长 4～10mm，下面被白色柔毛或近无毛；小叶椭圆形或长圆状卵形，长 7～30mm，宽 3～12mm，先端钝圆或微凹，或具不明显的小尖头，基部圆形，上面绿色，近无毛，下面被伏贴白色柔毛。

总状花序稍密，有 10～20 朵花；总花梗与叶近等长或较长，至果期显著伸长；苞片线状披针形，长 2～5mm，背面被白色柔毛；花梗长 3～4mm，连同花序轴稍密被棕色或黑色柔毛；小苞片 2 花萼钟状，长 5～7mm，外面被白色或黑色柔毛，有时萼筒近于无毛，仅萼齿有毛，萼齿短，三角形或钻形，长仅为萼筒的 1/4～1/5；花冠黄色或淡黄色，旗瓣倒卵形，长 12～20mm，顶端微凹，基部具短瓣柄，翼瓣较旗瓣稍短，瓣片长圆形，基部具短耳，瓣柄较瓣片长约 1.5 倍，龙骨瓣与翼瓣近等长，瓣片半卵形，瓣柄较瓣片稍长；子房有柄，被细柔毛。

荚果薄膜质，稍膨胀，半椭圆形，长 20～30mm，宽 8～12mm，顶端具刺尖，两面被白色或黑色细短柔毛，果颈超出萼外；种子 3～8 颗。花期 6—8 月，果期 7—9 月。

二、生长习性及分布

鲜黄芪，性喜凉爽，耐寒耐旱，怕热怕涝，适宜在土层深厚、富含腐殖质、透水力强的沙壤土种植。强盐碱地不宜种植。根垂直生长可达 1m 以上，俗称"鞭竿芪"。土壤黏重根生长缓慢带畸形；土层薄，根多横生，分支多，呈"鸡爪形"，质量差。忌连作，不宜与马铃薯、胡麻轮作。种子硬实率可达 30%~60%，直播当年只生长茎叶而不开花，第二年才开花结实并能产籽。

产于中国东北、华北及西北。生于林缘、灌丛或疏林下，亦见于山坡草地或草甸中，中国各地多有栽培，为常用中药材之一。苏联亦有分布。

三、栽培方法与田间管理

1. 选地

山区、半山区选地势向阳，土层深厚、土质肥沃的沙壤土域或棕色森林土。平地选地势较高、渗水力强、地下水位低的沙壤土或积土，忌白浆土、盐碱土、黏壤土及积水草甸土。

2. 整地

深耕并施厩肥或堆肥每亩 2 500 kg，过磷酸钙25~30kg。细耕后做畦，宽 120cm，高 30cm。

3. 繁殖

黄芪用种子繁殖。

4. 松土除草

人工除草同大田作物。还可使用除草剂，即在播种时或播种后施用氟乐灵每亩 150g，或施用拉索每亩 200g。

5. 追肥

5 月上旬追硫酸铵，每亩 5~15kg，6 月上旬追尿素，每亩

7~10kg，7月上旬追过磷酸钙，每亩50kg，厩肥2 000kg。

6. 打尖

7月下旬打尖，减少营养消耗。

7. 排灌

雨季注意排水。天旱时，苗期、返青期适当灌水。

8. 留种采种

采收黄芪长到第3年便可以收获。收获过早，黄芪质量差；年久不收，极易黑心或木质化。采收一般在秋季植株枯萎时进行，也可在翌年春季尚未萌发前进行，此时根生长充足，积累的有效成分含量。黄芪产量高。采收时要深挖，不要伤根，防止挖断主根，影响药材产量与质量。南方多雨地区，为减少烂根损失，最好当年收获。留种选3年生以上（含3年）生长健壮、无病虫害地块作黄芪种子田。对种子田管理，在一般大田管理的基础上（切勿打掉花芽），于7月中旬增施一次磷肥、钾肥，每亩施过磷酸钙25kg，氯化钾10kg，促使花盛果多，籽粒饱满。如遇高温干旱，应及时灌水，降低种子硬实率，提高种子质量。黄芪种子的采收宜在8月果荚下垂黄熟，种子变褐色时立即进行，否则果荚开裂，种子散失，难以采收。因种子成熟期不一致，应随熟随采。若小面积留种，最好分期分批采收，并将成熟果穗逐个剪下，舍弃果穗先端未成熟的果实，留用中下部成熟的果荚。若大面积留种，可待田里70%~80%果实成熟时一次采收。收后先将果枝倒挂阴干几天，使种子后熟，再晒干、脱粒、扬净、贮藏。

第六节　天　麻

天麻为兰科植物天麻（*Gastrodia etata* Bl.）的根茎（图3-6），又名赤箭、离母（〈本经〉），神草（〈吴普本草〉），独摇芝（〈抱朴子〉），赤箭脂、定风草（〈药性论〉），合离（〈酉阳杂俎〉），合离草、独摇（〈本草图经〉），白龙皮、赤箭芝（〈纲目〉），自动草（〈湖南药物志〉）。冬、春两季采挖，冬采者名冬麻，质量

图3-6 天麻

优良；春采者名春麻，质量不如冬麻好。挖出后，除去地上茎及须根，洗净泥土，用清水泡，及时擦去粗皮，随即放入清水或白矾水浸泡，再水煮或蒸透，至中心无白点时为度，取出晾干，晒干或烘干。功能主治为：息风，定惊。治眩晕眼黑，头风头痛，肢体麻木，半身不遂，语言謇涩，小儿惊痫动风。

一、形态特征

天麻，多年生寄生草本，高 60~100cm，全体不含叶绿素。块茎肥厚，肉质长圆形，长约 10cm，直径 3~4.5cm，有不甚明显的环节。茎直立，圆柱形，黄赤色。叶呈鳞片状，膜质，长 1~2cm，具细脉，下部短鞘状。花序为穗状的总状花序，长 10~30cm，花黄赤色；花梗短，长 2~3mm；苞片膜质，狭披针形或线状长椭圆形；花被管歪壶状，口部斜形，长 7~8mm，基部下侧稍膨大，裂片小，三角形；唇瓣高于花被管的 2/3，具 3 裂片，中央裂片较大，其基部在花管内呈短柄状；子房下位，长 5~6mm，光滑，上有数条棱。蒴果长圆形至长圆倒卵形，长约 15mm，具短梗。种子多而细小，粉末状，花期 6—7月。果期 7—8月。本植物的茎叶（天麻茎叶）、果实（天麻子）亦供药用。

二、生长习性及分布

喜凉爽、湿润环境，怕冻、怕旱、怕高温，并怕积水。天麻无根，无绿色叶片，从种子到种子的 2 年整个生活周期中，除有性期约 70 天在地表外，常年以块茎潜居于土中。营养方式特殊，专从侵入体内的蜜环菌菌丝取得营养，生长发育。宜选腐殖质丰富、疏松肥沃、土壤 pH 值 5.5～6.0，排水良好的沙质壤土栽培。

分布于吉林、辽宁、河北、河南、安徽、湖北、四川、贵州、云南、陕西、西藏等地。主产于云南、四川、贵州等地。

三、栽培方法与田间管理

天麻种子极小，由胚及种皮组成，无胚乳及其他营养贮备，发芽非常困难。种子萌发阶段必须与紫萁小菇一类共生萌发菌建立共生营养关系，种子才能萌发。天麻用块茎进行繁殖，主要用无明显顶芽、个体较小的白麻和米麻作种麻，11 月至翌年 3 月为栽种适期，可选用室内培育、室外培育、防空洞培育。首先要培养好蜜环菌菌材或菌床。一般阔叶树都可用来作培养蜜环菌的材料，但以槲、栎、板栗、栓皮栎等树种最好。可采用树叶菌床法或伴菌播种法播种。但以 11 月冬种为好。采用菌材伴栽法或菌床栽培法。

田间管理主要是防旱、防涝和防冻。病虫害防治块茎腐烂是由多种原因引起的，要严格选择排水良好的沙壤土栽培；培养菌枝、菌种时，菌种一定要纯；加大接菌量，抑制杂菌生长。

第七节 元 胡

元胡又名延胡索、玄胡，为罂粟科紫堇属多年生草本植物（图 3-7），与白术、芍药、贝母等并称"浙八味"，为大宗常用中药。元胡史载于《开宝本草》，性温，味辛苦，入心、脾、肝、肺，是活血化瘀、行气止痛之妙品，尤以止痛之功效而著称于世。李时珍在《本草纲目》中归纳元胡有"活血，理气，止痛，通小便"四大功效，并推崇元胡"能行血中气滞，气中血滞，故专治一身上下诸痛"。

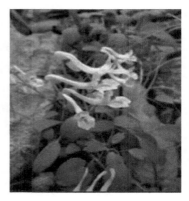

图3-7　元胡

一、形态特征

元胡，茎高10～20cm。块茎球形，内部黄色。地上茎纤细稍肉质，每叶柄生叶3～4片，叶二回三出全裂，末回裂片披针形或狭卵形。总状花序，苞片卵形，萼片极小，早期脱落；花瓣紫红色，4片，排为二轮，外轮二片稍大，最外一片基部延伸成长矩；内轮二片狭小，愈合。雄蕊6枚，两体。子房上位，由二心皮组合一室。果为蒴果，扁柱形。茎折断后有黄色液汁流出。

二、生长习性及分布

1. **延胡索**（*Corydalis ambigua* Cham. et Schltd. Var. amurensis Maxim. **别名：玄胡索、元胡**）

多年生草本，高10～20cm。块茎扁球状，直径0.5～2.5cm，黄色。茎基部具1鳞片，鳞片和下部叶腋内常生小块茎；茎生叶具长柄，二回三出全裂，末回裂片披针形或卵状披针形。总状花序顶生，疏生3～10花，苞片卵形或狭卵形，全缘或下部具齿；萼片小，早落；花冠红紫色，上花瓣长约2cm，边缘具齿或波状小齿，顶端微凹，具短尖，距圆筒形，稍长于瓣片，蜜腺体贯穿距长的1/2，内花瓣暗紫色，雄蕊束披针形；子房线形，花柱细，柱头近圆形，具8乳突。蒴果线形，种子1列。花期4月。

果期4—5月。

宜生长于沿溪两岸或山脚的近中性或微酸性粉沙质壤土、沙质壤土或沙土中。原主产于浙江东阳、磐安等地，近几年陕西汉中发展成主产区。

2. 山延胡索（*Corydalis bulbosa* DC. 别名：土元胡、浙元胡、元胡（山东））

与延胡索相似，主要区别为：叶二回三出深裂或全裂，小裂片披针形，窄卵形或狭倒卵形，顶端常有2~3浅裂元胡或齿裂，基部楔形。总状花序多花，排列紧密，少排列为疏松；苞片常分裂，基部楔形。花期4月。果期4—5月。

生于山地阴坡，适于富含腐殖质的沙质壤土。分布于陕西、黑龙江、吉林、辽宁、河北北部、甘肃等省。

3. 全叶延胡索（*Corydalis repens* Mandl et Muhld. 别名：匍匐延胡索）

多年生草本，球茎大，直径1~2.5cm，内部白色或蛋黄白色。地上茎矮小，高8~15cm，茎从基部或鳞片叶腋中生出多数小分枝，细软丛生。叶具长柄，二回三出复叶，第二回裂片常全缘，很少顶端栉状分裂，裂片椭圆形或宽椭圆形。总状花序顶生；苞片披针形或长椭圆形，全缘或较少有细齿裂；花淡蓝色，横着于细小花梗上；花萼小，早落；花冠长1.2~1.5cm，上面花瓣全缘，顶端微凹，凹部中央奶油小细尖，下面花瓣基部有小突起；雄蕊6。蒴果椭圆状卵形，有长柄，下垂。花期4月，果期5月。

生长于林下或林缘。分布于陕西、黑龙江、吉林、辽宁、河北、河南、山东、山西、江苏、安徽等地。

三、栽培方法与田间管理

1. 繁殖

生产上多采用块茎繁殖，种用块茎大小 1.2~1.6cm 为好。栽种时间一般在 9 月上旬至 10 月中旬均可。多采用条播，18~22cm 开沟，沟深 6~7cm，然后按株距 8~10cm 在播沟内交互排放 2 行，芽向上，边种边覆土，土深 6~8cm。也可在沟内施少量农家肥。

2. 播种

10 月上中旬播种，株行距 10cm，每亩用种量 60~80kg。做宽 1.3m 的高畦，畦面呈龟背形，四周开深排水沟，在畦面上按行宽 20cm 开浅沟，沟内按行距 10cm 摆 2 行种子。选圆形、饱满、芽部健壮、无病虫害的块茎，用 50% 退菌特 1 000 倍液浸种 10 分钟然后晾干播种。

元胡有大叶元胡和小叶元胡之分，大叶元胡有利于密植，产量高，而小叶元胡块茎大等级高，但产量稍低。

3. 选地整地

元胡根生长较浅，又集中分布在表土 5~20cm，故要求土质疏松，故选择阳光充足。地势高且排水良好，表土层疏松而富腐殖质的沙质壤土和冲积土好，黏土重或沙质重的土地不宜栽培，忌连作。

前茬收获后，及时翻耕整地，深翻 20~25cm，精细耕耙，使表土层疏松。一般作畦宽 100~110cm，沟宽 40cm。

4. 田间管理

合理施肥对元胡的增产十分重要。在施足基肥的情况下，要重腊肥，轻施苗肥，腊肥在 12 月上、中旬结中耕除草进行，以农家肥为主。

在苗期南方雨水多，湿度大，注意排水降湿，做到沟内不留水，否则容易引起烂根减产。

第八节　肉苁蓉

肉苁蓉（*Cistanche deserticola* Y. C. Ma），别名疆芸、大芸、苁蓉、查干告亚（蒙语），属濒危种（图 3 - 8）。高大草本，高 40 ~ 160cm，大部分地下生。花期 5—6 月，果期 6—8 月。主产于新疆、内蒙古阿拉善盟、甘肃、宁夏也有分布。每年 4 月，肉苁蓉进入生长高峰期。

图 3-8　肉苁蓉

肉苁蓉是一种寄生在沙漠树木梭梭根部的寄生植物，从梭梭寄主中吸取养分及水分。素有"沙漠人参"之美誉，具有极高的药用价值，是中国传统的名贵中药材。肉苁蓉在历史上就被西域各国作为上贡朝廷的珍品，也是历代补肾壮阳类处方中使用频度最高的补益药物之一。

一、形态特征

肉苁蓉，多年生寄生草本，高 15 ~ 40cm。茎肉质肥厚，圆柱形，黄色，不分枝或有时从基部分 2 ~ 3 枝。被多数肉质鳞片状叶，黄色至褐黄色，覆瓦状排列，卵形至长圆状披针形，长 1 ~ 2.5cm，宽 4 ~ 8mm，在茎下部者较短且排列较紧密，上部者较长，排列较疏松。穗状花序圆柱形，长 8 ~ 25cm；宽 6 ~ 8cm，花多数而密集；每花的基部有 1 枚火苞片和 2 枚对称的小苞片，大苞片卵形或长圆状披针形，先端尖，小苞片长圆状披针形，与花萼几等长；花萼钟形，淡黄色或白色，长1~1.3cm，5浅裂，裂片近圆形，无毛或多少被有绵毛；花冠管状钟形，5浅裂，裂片近圆形，紫色，管部白色；雄蕊4，花药呈倒卵圆形，先端有短尖的药隔，花药与花丝基部被皱曲的长柔毛；子房上位，长椭圆形，花柱细长。蒴果椭圆形，2裂。种子多数。花期5—6月。果期6—7月。

二、生长习性及分布

肉苁蓉生长于沙漠环境，分布于内蒙古、陕西、甘肃、宁夏、新疆等地。为寄生植物，寄主为梭梭、白梭、红沙、盐爪爪、着叶盐爪、珍珠、西伯利亚白刺等植物的根。土壤为中细砂，呈中性或偏碱性，含盐分较高。种子多，小而轻，千粒重0.086~0.091g，种子寿命较长。

三、栽培方法与田间管理

用种子繁殖。可选沙土或半流沙沙漠地带，适宜寄生梭梭生长，利用天然梭梭林较集中的沙漠，或培育人工梭梭林，在梭梭林东侧或东南侧方向50~80cm处挖苗床，苗床大小不等，长1~2m，宽1m左右，深50~80cm，或寄生密集处，可挖一条大苗床，将种子穴播于苗床上，施骆驼粪、牛羊粪等，覆土30~40cm，苗床留沟或坑，以便浇水，播种后保持苗床湿润，诱导寄主根延伸苗床上，春、秋季播种，2年间部分床内即有肉苁蓉寄生，少数出土生长，大部分在2~4年内出土，开花结实。田间管理沙漠风大，要注意对被风吹裸露的寄主根，进行培土或用树枝围在寄主根附近防风，苗床要经常浇水保墒，除掉其他植物。肉苁蓉5月开花时，要进行人工授粉，提高结实率。

第九节　枸　杞

枸杞（*Lycium chinese* Mill.），茄科枸杞属植物（图3-9），

枸杞是人们对商品枸杞子、植物宁夏枸杞、中华枸杞等枸杞属下物种的统称。人们日常食用和药用的枸杞子多为宁夏枸杞的果实"枸杞子"，而且宁夏枸杞是唯一载入《中华人民共和国药典》的品种。

商品"枸杞子"，则基本是指来源于宁夏枸杞的干燥成熟果实；"枸杞"指的是除西北以外地区的野生枸杞植物，则基本是植物枸杞或者北方枸杞。

图3-9　枸杞

一、形态特征

中华枸杞，为多分枝灌木，高0.5~1m，栽培时树高可达2m多；枝条细弱，弓状弯曲或俯垂，淡灰色，有纵条纹，棘刺长0.5~2cm，生叶和花的棘刺较长，小枝顶端锐尖呈棘刺状。叶纸质或栽培者质稍厚，单叶互生或2~4枚簇生，卵形、卵状菱形、长椭圆形、卵状披针形，顶端急尖，基部楔形，长1.5~5cm，宽0.5~2.5cm，栽培者较大，可长达10cm以上，宽达4cm；叶柄长0.4~1cm。

花在长枝上单生或双生于叶腋，在短枝上则同叶簇生；花梗长1~2cm，向顶端渐增粗。花萼长3~4mm，通常3中裂或4~5齿裂，裂片多少有缘毛；花冠漏斗状，长9~12mm，淡紫色，筒部向上骤然扩大，稍短于或近等于檐部裂片，5深裂，裂片卵形，顶端圆钝，平展或稍向外反曲，边缘有缘毛，基部耳显著；雄蕊较花冠稍短，或因花冠裂片外展而伸出花冠，花丝在近基部处密生一圈茸毛并交织成椭圆状的毛丛，与毛丛等高处的花冠筒内壁亦密生一环绒毛；花柱稍伸出雄蕊，上端弓弯，柱头绿色。浆果红色，卵状，栽培者可成长矩圆状或长椭圆状，顶端尖或钝，长7~15mm，栽培者长可达2.2cm，直径5~8mm。种子扁肾脏形，长 2.5～3mm，黄色。花果期 6—11 月。

浆果红色，卵状，栽培者可成长矩圆状或长椭圆状，顶端尖或钝，长 7～15mm，栽培者长可达 2.2cm，直径 5～8mm。种子扁肾脏形，长 2.5～3mm，黄色。花果期 6—11 月。

2. 宁夏枸杞

宁夏枸杞为灌木，或栽培因人工整枝而成大灌木，高 0.8～2m，栽培者茎粗直径达 10～20cm；分枝细密，野生时多开展而略斜升或弓曲，栽培时小枝弓曲而树冠多呈圆形，有纵棱纹，灰白色或灰黄色，无毛而微有光泽，有不生叶的短棘刺和生叶、花的长棘刺。叶互生或簇生，披针形或长椭圆状披针形，顶端短渐尖或急尖，基部楔形，长 2～3cm，宽 4～6mm，栽培时长达 12cm，宽 1.5～2cm，略带肉质，叶脉不明显。

花在长枝上 1～2 朵生于叶腋，在短枝上 2～6 朵同叶簇生；花梗长 1～2cm，向顶端渐增粗。花萼钟状，长 4～5mm，通常 2 中裂，裂片有小尖头或顶端又 2～3 齿裂；花冠漏斗状，紫堇色，筒部长 8～10mm，自下部向上渐扩大，明显长于檐部裂片，裂片长 5～6mm，卵形，顶端圆钝，基部有耳，边缘无缘毛，花开放时平展；雄蕊的花丝基部稍上处及花冠筒内壁生一圈密茸毛；花柱像雄蕊一样由于花冠裂片平展而稍伸出花冠。

浆果红色或在栽培类型中也有橙色，果皮肉质，多汁液，形状及大小由于经长期人工培育或植株年龄、生境的不同而多变，广椭圆状、矩圆状、卵状或近球状，顶端有短尖头或平截、有时稍凹陷，长 8～20mm，直径 5～10mm。种子常 20 余粒，略成肾脏形，扁压，棕黄色，长约 2mm。花果期较长，一般从 5 月到 10 月边开花边结果，采摘果实时成熟一批采摘一批。

二、生长习性及分布

枸杞喜冷凉气候，耐寒力很强。当气温稳定通过 7℃ 左右时，种子即可萌发，幼苗可抵抗-3℃低温。春季气温在6℃以上时，春芽开始萌动。枸杞在-25℃越冬无冻害。

枸杞根系发达，抗旱能力强，在干旱荒漠地仍能生长。生产上为获高产，仍需保证水分供给，特别是花果期必须有充足的水分。长期积水的低洼地对枸杞生长不利，甚至引起烂根或死亡。

光照充足，枸杞枝条生长健壮，花果多，果粒大，产量高，品质好。枸杞多生长在碱性土和沙质壤土，最适合在土层深厚、肥沃的壤土上栽培。

宁夏枸杞在中国栽培面积最大。宁夏枸杞主要分布在中国西北地区，而其他地区常见的为中华枸杞及其变种。宁夏中宁枸杞获评农产品气候品质类国家气候标志。

三、栽培方法与田间管理

一般采前10~15天内停止灌水、喷水。采摘不宜在高温下进行，果实表面露水未干前及雨天不得采收，遇大雨后至少隔2天采收。要求人工采摘，采前剪指甲，穿戴合适的衣服、帽子、手套。采果篮内要有柔软的衬垫物。一般采用圆头形采果剪采果。不同的浆果按不同的成熟度采收，因为成熟度不同，一天之内，一棵果树可能被采摘几遍；采摘时采用特制的水果盘、盒、箱等以及气压防震拖板车，以减少磕碰。不攀枝拉果采摘，轻采轻放，避免机械损伤和果实日晒。

第十节　万寿菊

万寿菊（*Tagetes erecta* L.），又称金盏菊、臭芙蓉、蜂窝菊，为菊科万寿菊属一年生草本植物（图3-10），它的根对乳腺炎、腮腺炎等病症都有一定的成效，叶子可以治疗疗、疖等症状，花序可以治疗乳痈，花朵可以化痰清热，此外，它还可以种于花园美化环境以及做菜食用。

一、形态特征

万寿菊，一年生草本，高50~150cm。茎直立，粗壮，具纵细条棱，分枝向上平展。叶羽状分裂，长5~10cm，宽4~8cm，裂片长椭圆形或披针形，边缘具锐锯齿，上部叶裂片的齿端有长细芒；沿叶缘有少数腺体。头状花序单生，径5~8cm，花序梗顶端棍棒状膨大；总苞长 1.8 ~ 2cm，宽 1 ~

图3-10 万寿菊

1.5cm，杯状，顶端具齿尖；舌状花黄色或暗橙色；长 2.9cm，舌片倒卵形，长 1.4cm，宽 1.2cm，基部收缩成长爪，顶端微弯缺；管状花花冠黄色，长约 9mm，顶端具 5 齿裂。瘦果线形，基部缩小，黑色或褐色，长 8~11mm，被短微毛；冠毛有 1~2 个长芒和 2~3 个短而钝的鳞片。花期 7—9 月。原产墨西哥。中国各地均有分布。多生长在海拔 1 150~1 480 m 的地区。

万寿菊根据植株的高低可以分为：高茎种，株高为 70 ~ 90cm，花形大；中茎种，株高为 50 ~ 70cm；矮生种，株高为 30~40cm，花形小。根据花形来分类，可分为蜂窝型、散展型、卷沟型。

二、生长习性及分布

万寿菊生长适宜温度为 15 ~ 25℃，花期适宜温度为 18 ~ 20℃，要求生长环境的空气相对温度在 60%~70%，冬季温度不低于 5℃。夏季高温 30℃ 以上，植株徒长，茎叶松散，开花少。10℃ 以下，生长减慢。万寿菊为喜光性植物，充足阳光对万寿菊生长十分有利，植株矮壮，花色艳丽。阳光不足，茎叶柔软细长，开花少而小。万寿菊对土壤要求不严，以肥沃、排水良好的沙质壤土为好。全国各地均有分布。

三、栽培方法与田间管理

1. 种子繁殖

（1）春播 万寿菊在3月下旬至4月上旬在露地苗床播种，由于种子嫌光，播后要覆土、浇水。种子发芽适温为20~25℃，播后1周出苗，发芽率约50%。待苗长到5cm高时，进行一次移栽，再待苗长出7~8片真叶时，进行定植。

（2）夏播 为了控制植株高度，还可以在夏季播种，夏播出苗后60天可以开花。

2. 扦插繁殖

万寿菊可以在夏季进行扦插，容易发根，成苗快。从母株剪取8~12cm嫩枝作插穗，去掉下部叶片，插入盆土中，每盆插3株，插后浇足水，略加遮阴，2周后可生根。然后，逐渐移至有阳光处进行日常管理，约1个月后可开花。

3. 苗床管理

万寿菊对土壤要求不严，应选土层深厚、疏松、排水透气好的土壤。耙深20~25cm，使表层土壤绵软细碎，田面平整。每亩苗床施土杂肥200kg、菊花专用肥2kg，土杂肥翻入地下，化肥均匀撒于畦面后，用锄划入地下，然后耙细、整平。

春播万寿菊于播种后6~7天出齐苗，苗出齐后应注意苗床内的温度不可超过30℃，以免造成烧苗和烂根。苗长到3cm左右、第一对真叶展开后，应注意通风，防止徒长。苗床内温度保持在25~27℃，通风时间应在8—9时，不可在中午高温时通风，以免造成闪苗。如遇大风降温天气，停止通风。当室外平均气温稳定在12℃以上时，应选晴朗无风天，揭开薄膜，除掉苗床内的杂草。如缺水应喷一遍透水，并盖好膜，加大通风口，苗床内

浇水不宜太勤，以保持床土间干间湿为宜。当室外气温稳定在
15℃时应揭膜炼苗，移栽前 7 天左右停止浇水，进行移栽前的靠
苗，以备移栽。

4. 移栽

当万寿菊苗茎粗 0.3cm、株高 15～20cm、出现 3～4 对真叶
时即可移栽。采用宽窄行种植，大行 70cm，小行 50cm，株距
25cm，每亩留苗 4 500 株，按大小苗分行栽植。采用地膜覆盖，
以提高地温，促进花提早成熟。移栽后要大水漫灌，促使早缓
苗、早生根。

5. 移栽后管理

移栽后要浅锄保墒，当苗高 25～30cm 时出现少量分枝，从
垄沟取土培于植株基部，以促发不定根，防止倒伏，同时抑制膜
下杂草的生长。培土后根据土壤墒情进行浇水，每次浇水量不宜
过大，勿漫垄，保持土壤间干间湿。在花盛开时进行根外追肥，
喷施时间以 18 时以后为好，每亩喷施尿素 30kg，磷酸二氢
钾 30kg。

6. 采切保鲜

万寿菊应在温度低、湿度大时采切。万寿菊采切过早。往往
采切后花朵不易正常开放。一般是在开花前 1～2 天采切。采切
的时间与品种有关，通常有 4～6 片花瓣已松开花蕾时，即可采
切。有时发现，采切后的万寿菊切花，花蕾还没绽开，就过早地
垂头了，这种情况主要是蕾期采切过早，花萼还紧包着花蕾。最
好在萼片同花瓣成 90°时切取。剪切时枝条要有 5 个节间距或更
长一些的长度，但在枝条上至少要有两个芽。切下 1 小时后，插
入水中吸水，然后按长度分级，10 枝一束捆好，用玻璃纸包装。
万寿菊切花保鲜期短，不耐长途运输。采切后的万寿菊如果不上
市出售，应立即入低温库贮藏，贮藏的温度为 1～2℃，最好是插

入水中进行湿贮。湿贮的水质很重要，pH 值低，对万寿菊切花有利。注意不要把叶子也插入水中。盛花容器中的促鲜剂是由硫代硫酸银和硫酸铝组成的混合液。通常万寿菊所有的瓶插保鲜液称为康乃尔配方液，外加乙氨-甲酰磷铵可阻止万寿菊切花烂变及早萎。

第十一节　甜叶菊

甜叶菊 ［*Stevia rebaudiana* (Bertoni) Hemsl.］，多年生草本菊科植物（图 3-11）。株高 1~1.3m。根梢肥大，50~60 条，长可达 25cm。茎直立，基部梢木质化，上部柔嫩，密生短茸毛，花冠基部浅紫红色或白色，上部白色。瘦果线形，稍扁，褐色，具冠毛。花期

图 3-11　甜叶菊

7—9 月，果期 9—11 月。叶含菊糖苷 6%~12%，精品为白色粉末状，是一种低热量、高甜度的天然甜味剂，是食品及药品工业的原料之一。

一、形态特征

甜叶菊，多年生草本，株高 1~1.3m。浅根系，由初生根和次生根组成。根系分布深度为 20~40cm，二年生根翌年能萌发几个至数十个茎，可进行分株繁殖。根梢肥大，50~60 条，茎直立、圆形。一年生苗为单茎，多年生以后呈丛生。基部梢木质化，上部柔嫩，密生短茸毛，单叶对生或茎上部，少数三叶轮子生，叶片短，倒卵形或披针形，边缘有浅锯齿，两面被短茸毛，绿或浓绿色，叶脉三出，甜味极高。叶片有类似发霉状白毛产

生，是汁液的正常分泌，多见于下雨天采集。头状花序小，两性花，总苞筒状，总苞片 5~6 层，边等长；花托平坦，秃净；花冠基部浅紫红色或白色，上部白色。瘦果线形，稍扁，褐色，具冠毛。种子千粒重 0.4g 左右，无休眠期，易失去发芽能力，寿命不超过一年。7 月下旬至 8 月上旬为现蕾期。花期 7—9 月，果期 9—11 月。

二、生长习性及分布

甜叶菊喜在温暖湿润的环境中生长，但亦能耐–5℃的低温，气温在 20~30℃时最适宜茎叶生长。甜叶菊属于对光照敏感性强的短日照植物，临界日长为 12 小时，尤其在生长期忌渍。甜叶菊根系浅，抗旱能力差。短日照强。甜叶菊属对光敏感较强的短日照植物，最佳生长时期为 100~120 天。

原产于南美洲巴拉圭、巴西的原始森林。1977 年，由南京中山植物园从日本引进，1978 年试种成功。北京、安徽、河北、山东、陕西、江苏、甘肃、新疆、云南等中国大部分地区均有引种栽培。

三、栽培方法与田间管理

1. 种子繁殖

生产上多采用播种育苗然后移栽定植的方式。中国南方各省通常应用平畦播种育苗，而在北方则多用温床育苗。长江南岸的播种期以 10—11 月为适宜，幼苗在育苗畦内越冬，翌年 3 月中下旬即可移植至大田中栽培。北方一般 2—4 月利用温室或温床播种育苗。为使种子撒得均匀，播种前可用细沙把种子掺混起来加以摩搓，然后放在温水中浸 10~12 小时，再用少量草木灰拌种。播完用木板轻轻压种子使之与土壤接触，再用喷雾器向床面喷水 1 次，保持床上湿润，提高出苗率。温湿度适宜，播后 7~

10天即能发芽出土。播种量：每100m² 苗床需500g，实际培育成壮苗数目为20万~25万株，足够栽植12~15亩土地之用。一般每亩栽苗8 000~9 000株，密植可达10 000~12 000株。

2. 扦插繁殖

从3月下旬到8月下旬均可扦插，以现蕾之前剪取插穗扑插的成活率较高。扦插时选符合要求的健壮分枝、侧茎，截取15~20cm长的小段，将插条的1/3~1/2插入床土中，株行距为2cm×5cm。插后及时浇水，顶部用草帘或塑料薄膜覆盖起来，夜间保温，中午避免阳光直接照射，待长出新芽时适当通风透光，逐步锻炼幼苗对外界的适应性，形成根系发达、茎叶健壮、色泽正常的壮苗。

此外压条虽然也能繁殖，但只限于选种工作中为保留优良单株时应用，不适合大面积栽培生产。

3. 春季栽种

每栽植1亩甜叶菊，需育苗10~20m²。播种前搓去冠毛，置清水中浸泡一夜。撒种时，苗床先灌足水，待水下渗后，将种子均匀地撒在苗床上，然后用细沙或细土覆盖种子，以种子半露半埋为度。最后用竹片做拱，用地膜将苗床盖严实。一般5~6天即可出苗，出苗后要注意炼苗。当苗长到5~6对真叶时，温度在15℃以上时即可移栽。一般行距30~40cm；株距15~20cm。移栽时浇足定根水。

4. 田间管理

用磷钾肥做基肥，氮肥做追肥用。第一次追肥在苗成活后5~10天，每亩用尿素10kg，在生长旺盛期，第二次追肥20~25kg，第三次追肥在采收后进行，每亩追施尿素15kg，以后，除草和采收一次追肥一次。

5. 采收留种

叶片中甜菊苷的含量以现蕾期最高，叶片的风干率也最高。只要有30%～40%的植株现蕾时，即可以作为收获时期。收获时在离地面约20cm处剪下枝干，并注意每株留下1～2个带叶的分枝，以利于植株的生长。收后立即脱叶摊晒，力争当日晒干，以免变黑。有条件的地方，可进行人工烘烤，质量更佳。甜叶菊喜光照在每天10个小时左右，在植株长到40～60cm时，加罩遮光，这样连续10天左右，种子即可成熟。甜叶菊是宿根性作物，能耐低温越冬，来年春天，将田间老根挖出，即可直接栽植于田间。

第十二节 红 花

红花（*Carthamus tinctorius* L.），亦称红蓝花、刺红花，菊科红花属植物（图3-12），干燥的管状花，橙红色，花管狭细，先端5裂，裂片狭线形，花药黄色，联合成管，高出裂片之外，其中央有柱头露出。具特异香气，味微苦。以花片长、色鲜红、质柔软者为佳。有活血通经，散瘀止痛，有助于治经闭、痛经、恶露不行、胸痹心痛、瘀滞腹痛、胸胁刺痛、跌打损伤、疮疡肿痛疗效。

图3-12 红花

一、形态特征

红花，一年生草本。高50～150cm。茎直立，上部分枝，全部茎枝白色或淡白色，光滑，无毛。中下部茎叶披针形、披状披针形或长椭圆形，长7～15cm，宽2.5～6cm，边缘大锯齿、重锯齿、小锯齿以致无锯齿而全缘，极少有羽状深裂的，齿顶有针刺，针刺长 1～1.5mm，向上的叶渐小，披针形，边缘有锯齿，齿顶针刺较长，长达 3mm。全部叶质地坚硬，革质，两面无毛无腺点，有光泽，基部无柄，半抱茎。

头状花序多数，在茎枝顶端排成伞房花序，为苞叶所围绕，苞片椭圆形或卵状披针形，包括顶端针刺长 2.5～3cm，边缘有针刺，针刺长 1～3mm，或无针刺，顶端渐长，篦齿状针刺，针刺长 2mm。总苞卵形，直径 2.5cm。总苞片 4 层，外层竖琴状，中部或下部有收溢，收溢以上叶质，绿色，边缘无针刺或有篦齿状针刺，针刺长达 3mm，顶端渐尖，有长 1～2mm，收溢以下黄白色；中内层硬膜质，倒披针状椭圆形至长倒披针形，长达 2.3cm，顶端渐尖。全部苞片无毛无腺点。小花红色、橘红色，全部为两性，花冠长 2.8cm，细管部长 2cm，花冠裂片几达檐部基部。瘦果倒卵形，长 5.5mm，宽 5mm，乳白色，有 4 棱，棱在果顶伸出，侧生着生面。无冠毛。花果期 5—8 月。主要品类如下。

（1）藏红花　原名番红花，又称西红花。番红花是经印度传入西藏，由西藏再传入中国内地。所以，人们把由西藏运往内地的番红花，误认为西藏所产，称作"藏红花"。

（2）怀红花　又名淮红花，产于河南温县、沁阳、武陟、孟县一带（旧时怀庆府）者。质亦佳。

（3）杜红花　产于浙江宁波，质佳。

（4）散红花　产于河南商丘一带，质亦佳。

（5）大散红花　产于山东。

（6）川红花　产于四川。

（7）南红花　产于中国南方者（一说指产于四川南充者）。

（8）西红花　产于陕西。

（9）云红花　产于云南。

以上均以花色红黄、鲜艳、干燥、质柔软者为佳。

二、生长习性及分布

红花喜温暖、干燥气候，抗寒性强，耐贫瘠。抗旱怕涝，适宜在排水良好、中等肥沃的沙土壤上种植，以油沙土、紫色夹沙土最为适宜。种子容易萌发，5℃以上就可萌发，发芽适温为15~25℃，发芽率为80%左右。适应性较强，生活周期120天。

1. 水分

红花根系较发达，能吸收土壤深层的水分，空气湿度过高，土壤湿度过大，会导致各种病害大发生。苗期温度在15℃以下时，田间短暂积水，不会引起死苗；在高温季节，即使短期积水，也会使红花死亡。开花期遇雨水，花粉发育不良。果实成熟阶段，遭遇连续阴雨，会使种子发芽，影响种子和油的产量。

红花虽然耐旱，但在干旱的气候环境中，进行适量灌溉，是获得高产的必要措施。

2. 温度

红花对温度的适应范围较宽，在4~35℃的范围内均能萌发和生长。种子发芽的最适温度为25~30℃，植株生长最适温度为20~25℃，孕蕾开花期遇10℃左右低温，花器官发育不良，严重时头状花序不能正常开放，开放的小花也不能结实。

3. 光照

红花为长日照植物，日照长短不仅影响莲座期的长短，更重要的是影响其开花结实。充分的光照条件，使红花发育良好，籽粒充实饱满。

4. 营养

红花在不同肥力的土壤上均可生长，合理施肥是获得高产的措施之一，土壤肥力充足，养分含量全面，获得的产量就高。

5. 土壤

红花虽然能生长在各种类型的土壤上，但仍以土层深厚，排渗水良好的肥沃中性壤土为最好。

原产中亚地区，苏联有野生，也有种植，日本、朝鲜都有种植。国内河南、新疆、甘肃、山东、浙江、四川、西藏也有种植。中国在上述地区有引种种植外，山西、甘肃、四川亦见有野生者。

三、栽培方法与田间管理

1. 选地播种

（1）选地　对土壤要求不严，但要获得高产，必须选择土层深厚，土壤肥力均匀，排水良好的中、上等土壤。地势平坦，排灌条件良好。前茬以大豆、玉米为好。

（2）种子准备　选择适合本地栽培的红花品种。

（3）播种　播种期的确定：在5cm地温稳定通过5℃以上时即可播种，时期早播可以提高产量本地区红花的适宜播种期一般在3月下旬至4月初。

播种采用谷物播种机条播，45cm等行距播种，播深4~5cm，每米落种50粒，落种均匀。播行端直，播深一致。不重播、漏播，覆土严密，镇压踏实，每亩播量2~2.5kg。

2. 施肥

前茬作物收获后应立即进行耕翻、施肥、灌溉。亩施1~1.5t农家肥，8~10kg尿素，8~10kg磷肥，1kg锌肥，速效钾低于350mg/kg以下的地块亩施3~5kg钾肥。在翻地前全部做基肥均匀撒施地面，然后深翻入土，耕地质量应不重不漏，深浅一致、翻扣严密，无犁沟犁梁，可采用秋灌、冬翻、春耙的整地方式。整地质量应达到"齐、平、松、碎、净、墒"六字标准。

3. 苗期田间管理

（1）间苗　红花出齐苗后就可以开始间苗，苗距 1～2cm，以有利于促进幼苗生长均匀一致。

（2）定苗　当幼苗长出 5～6 片真叶时开始定苗，株距 5～7cm，去小留大、去弱留强。

（3）亩留苗密度　高肥力土壤红花分枝能力强，亩留苗密度较稀，平均株距 7cm。亩留苗密度 21 000 株。中肥力土壤平均株距 6cm。亩留苗密度 24 000 株。低肥力土壤红花分枝能力弱，亩留苗密度较密，平均株距 5cm。亩留苗密度 29 000 株。

（4）中耕、除草　播后遇雨及时破除板结，拔除幼苗旁边杂草。第一次中耕要浅，深度 3～4cm，以后中耕逐渐加深到 10cm，中耕时防止压苗，伤苗。灌头水前中耕、锄草 2～3 次。

4. 分枝期至开花期田间管理

（1）施肥　红花是耐瘠薄作物，但要获得高产除了播期施用基肥以外，还要在分枝初期追施一次尿素，增加植株花球数和种子千粒重。结合最后一次中耕开沟追肥，沟深 15cm 左右，每亩追施尿素 8～10kg，追后立即培土。

（2）灌水　第一水应适当晚灌，在红花分枝后中午植株出现暂时性萎蔫时灌头水。灌水方法采用小水慢灌，灌水要均匀。灌水后田内无积水。一般情况下在红花出苗后 60 天左右灌头水，亩灌量 60～70m³。从分枝期开始灌头水，开花期和盛花期各灌一次水。以后根据土壤墒情控制灌水，不干不灌。特别是肥力高的下潮地控制灌水是防止分枝过多、田间郁闭、预防后期发病的关键措施。红花全生育期一般需灌水 3～4 次，灌水质量应达到不淹、不旱。灌水方法可采取小畦慢灌，严禁大水漫灌。

5. 适时收获

（1）收花 以花冠裂片开放、雄蕊开始枯黄、花色鲜红、油润时开始收获，最好是每天清晨采摘，此时花冠不易破裂，苞片不刺手。特别注意的是：红花收花不能过早或过晚；若采收过早，花朵尚未授粉，颜色发黄。采收过晚，花变为紫黑色。所以过早或过晚收花，均影响花的质量，花不宜药用。

（2）收籽 当红花植株变黄，花球上只有少量绿苞叶，花球失水，种子变硬，并呈现品种固有色泽时，即可收获。一般采用普通谷物联合收割机收获。

第十三节 金银花

金银花，正名为忍冬（*Lonicera japonica* Thunb.）。由于忍冬花初开为白色，后转为黄色，因此得名金银花（图3-13）。药材金银花为忍冬科忍冬属植物忍冬及同属植物干燥花蕾或带初开的花。金银花，4—6月开花，五出（开五茬花），微香，蒂带红色，花初开则色白，经1～2日则色黄，故名金银花。

图3-13 金银花

又因为一蒂二花，两条花蕊探在外，成双成对，形影不离，状如雄雌相伴，又似鸳鸯对舞，故有鸳鸯藤之称。

金银花自古被誉为清热解毒的良药。它性甘寒气芳香，甘寒清热而不伤胃，芳香透达又可祛邪。金银花既能宣散风热，还善清解血毒，用于各种热性病，如身热、发疹、发斑、热毒疮痈、咽喉肿痛等症，均效果显著。

一、形态特征

金银花，多年生半常绿缠绕及匍匐茎的灌木。小枝细长，中空，藤为褐色至赤褐色。卵形叶子对生，枝叶均密生柔毛和腺毛。夏季开花，苞片叶状，唇形花有淡香，外面有柔毛和腺毛，雄蕊和花柱均伸出花冠，花成对生于叶腋，花色初为白色，渐变为黄色，黄白相映，球形浆果，熟时黑色。

金银花幼枝红褐色，密被黄褐色、开展的硬直糙毛、腺毛和短柔毛，下部常无毛。叶纸质，卵形至矩圆状卵形，有时卵状披针形，极少有一至数个钝缺，长 3～5cm，顶端尖或渐尖，少有钝、圆或微凹缺，基部圆或近心形，有糙缘毛，上面深绿色，下面淡绿色，小枝上部叶通常两面均密被短糙毛，下部叶常平滑无毛而下面多少带青灰色；叶柄长 4～8mm，密被短柔毛。

总花梗通常单生于小枝上部叶腋，与叶柄等长或稍较短，下方者则长达 2～4cm，密被短柔后，并夹杂腺毛；苞片大，叶状，卵形至椭圆形，长达 2～3cm，两面均有短柔毛或有时近无毛；小苞片顶端圆形或截形，长约 1mm，为萼筒的 1/2～4/5，有短糙毛和腺毛；萼筒长约 2mm，无毛，萼齿卵状三角形或长三角形，顶端尖而有长毛，外面和边缘都有密毛；花冠白色，有时基部向阳面呈微红，后变黄色，长 2～6cm，唇形，筒稍长于唇瓣，很少近等长，外被多少倒生的开展或半开展糙毛和长腺毛，上唇裂片顶端钝形，下唇带状而反曲；雄蕊和花柱均高出花冠。

花蕾呈棒状，上粗下细。外面黄白色或淡绿色，密生短柔毛。花萼细小，黄绿色，先端 5 裂，裂片边缘有毛。开放花朵筒状，先端二唇形，雄蕊 5，附于筒壁，黄色，雌蕊 1，子房无毛。气清香，味淡，微苦。以花蕾未开放、色黄白或绿白、无枝叶杂质者为佳。

果实圆形，直径 6～7mm，熟时蓝黑色，有光泽；种子卵圆形或椭圆形，褐色，长约 3mm，中部有 1 突起的脊，两侧有浅的横沟纹。花期 4—6 月（秋季亦常开花），果熟期 10—11 月。

二、生长习性及分布

中国各省均有分布。朝鲜和日本也有分布。金银花的种植区域主要集中在山东、陕西、河南、河北、湖北、江西、广东等地。金银花多野生于较湿润的地带，如溪河两岸、湿润山坡灌丛、疏林中。

金银花适应性很强，喜阳、耐阴，耐寒性强，也耐干旱和水湿，对土壤要求不严，但以湿润、肥沃的深厚沙质壤上生长最佳，每年春夏两次发梢。根系繁密发达，萌蘖性强，茎蔓着地即能生根。喜阳光和温和、湿润的环境，生活力强，适应性广，耐寒，耐旱，在荫蔽处，生长不良。

山东省临沂市平邑县为金银花的主产区，种植面积最大，野生品种居多，历史悠久。其次，封丘金银花有 1500 多年的种植历史，1984 年封丘县金银花栽培面积已达 10 028 亩，当年最高金银花收购量为 25 万余 kg，被国家确定为金银花生产基地。封丘金银花的品种优良，花蕾粗长肥厚，色艳质佳，香气扑鼻，药用效力高。

三、栽培方法与田间管理

金银花的适应性很强，对土壤和气候的选择并不严格，以土层较厚的沙质壤土为最佳。山坡、梯田、地堰、堤坝、瘠薄的丘陵都可栽培。繁殖可用播种、插条和分根等方法。在当年生新枝上孕蕾开花。对土壤要求不严，酸性，盐碱地均能生长。根系发达，生根力强，是一种很好的固土保水植物，山坡、河堤等处都可种植。

1. 种子繁殖

4 月播种，将种子在 35～40℃温水中浸泡 24 小时，取出拦

2~3倍湿沙催芽，等裂口达30%左右时播种。在畦上按行距21~
22cm开沟播种，覆土1cm，每2天喷水1次，10余日即可出苗，
秋后或翌年春季移栽，每公顷用种子15kg左右。

2. 扦插繁殖

一般在雨季进行。在夏秋季阴雨天气，选健壮无病虫害的
1~2年生枝条截成30~35cm，摘去下部叶子作插条，随剪随用。
在选好的土地上，按行距1.6m、株距1.5m挖穴，穴深16~
18cm，每穴5~6根插条，分散形斜立着埋土内，地上露出7~
10cm，填土压实（透气透水性好的沙质土为佳）。

扦插的枝条开根之前应注意遮阴，避免阳光直晒造成枝条干
枯。也可采用扦插育苗：在7—8月，按行距23~26cm，开沟，
深16cm左右，株距2cm，把插条斜立着放到沟里，填土压实，
以透气透水性好的沙质土为育苗土，开根最快，并且不易被病菌
侵害而造成枝条腐烂。栽后喷一遍水，以后干旱时，每隔2天要
浇水1遍，半月左右即能生根，翌年春季或秋季移栽。

3. 整形修剪

剪枝是在秋季落叶后到春季发芽前进行，一般是旺枝轻剪，
弱枝强剪，枝枝都剪，剪枝时要注意新枝长出后要有利通风透
光。对细弱枝、枯老枝、基生枝等全部剪掉，对肥水条件差的地
块剪枝要重些，株龄老化的剪去老枝，促发新枝。幼龄植株以培
养株型为主，要轻剪，山岭地块栽植的一般留4~5个主干枝，
平原地块要留1~2个主干枝，主干要剪去顶梢，使其增粗直立。

整形是结合剪枝进行的，原则上是以肥水管理为基础，整体
促进，充分利用空间，增加枝叶量，使株型更加合理，并且能明
显地增花高产。剪枝后的开花时间相对集中，便于采收加工，一
般剪后能使枝条直立，去掉细弱枝与基生枝有利于新花的形成。
摘花后再剪，剪后追施一次速效氮肥，浇一次水，促使下茬花早

发，这样一年可收 4 次花，平均每亩可产干花 150~200kg。

4. 田间管理

栽植后的头 1~2 年内，是金银花植株发育定型期，多施一些人畜粪、草木灰、尿素、硫酸钾等肥料。栽植 2~3 年后，每年春初，应多施畜杂肥、厩肥、饼肥、过磷酸钙等肥料。第一茬花采收后即应追适量氮、磷、钾复合肥料，为下茬花提供充足的养分。每年早春萌芽后和第一批花收完时，开环沟浇施人粪尿、化肥等。每种肥料施用 250g，施肥对金银花营养生长的促进作用大小顺序为：尿素+磷酸二氢铵，硫酸钾复合肥，尿素，碳酸氢铵，其中尿素+磷酸二氢铵、硫酸钾复合肥、尿素能够显著提高金银花产量，结合营养生长和生殖生长状况以及施肥成本，追肥以追施尿素+磷酸二氢铵（150g+100g）或 250g 硫酸钾复合肥为好。

第四章 中药材品种选育

近年来，随着人们对健康的要求不断提高，对中药材的需求量剧增，给中药资源带来了极大的压力，中医药临床用药和中药产业发展需求的不断加大，最终决定了绝大部分中药材需要人工种植和养殖。目前，我国经营药材的种类中 70% 以上来自野生，但其产量的 70% 以上来自人工栽培。随着野生药用植物资源现存量的急剧减少和家种栽培规模的增加，药用植物生产上的种质混杂、退化等问题日趋严重。药用植物的优良品种是中医药的物质基础，其质量的优劣和安全性直接影响中药系列产品的质量和疗效。因此，通过药用植物育种工作，选育优质、稳定的药材品种，是达到药材"安全、有效、稳定、可控"的最有效手段。

第一节 品种选育现状

近十年来，中药材品种选育工作在国家大力扶持下已积累了一定基础。在选育的中药材数量和质量、选育的技术水平和人才队伍建设方面取得一定成绩，特别是国家"十一五"科技支撑计划项目专门设立了"生物技术与中药材优良品种选育研究"课题，首次大规模支持了多种药材新品种选育或种质创新研究。后续国家中医药行业科研专项"荆芥等大宗药材优良种质挖掘与利用研究"等项目，以及支持各产业省和种植基地，国家科技支撑计划等又给予了大力支持。

目前已有北柴胡、丹参、薏苡、青蒿、荆芥、桔梗等药材共选育出 225 个优良新品种，选育出的新品种药材种类从 20 世纪

90 年代不足 5%（10 种左右）到目前达到 40.5%（81 种），其中已有 164 个新品种得到了推广（表 4-1），占育出品种总数的 72.8%。从采用的品种选育方法分析，已有引种驯化（1.5%）、集团选育（16.7%）、选择育种（2.5%）、无性系（8.6%）、化学或辐射诱变（4.5%）、组培脱毒（1.5%）、系统选育（54.5%）、杂交育种（10.1%）等的应用。中药材选育方法已呈现出从"选"到"育"的发展趋势。

表 4-1　已选育出新品种的中药材

药材名+育出品种数量（推广数量）

丹参 11（9）、金银花 11（11）、铁皮石斛 9（8）、人参 8（1）、青蒿 8（8）、枸杞 7（4）、黄姜 7（7）、薏苡 7（6）、桔梗 7（6）、菊花 6（4）、罗汉果 6（5）、太子参 6（5）、当归 5（5）、北柴胡 4（2）、杜仲 4（4）、山银花 4（4）、月见草 4（4）、紫苏 4（1）、半夏 3（2）、党参 3（0）、附子 3（3）、黄芪 3（0）、黄芩 3（2）、绞股蓝 3（3）、灵芝 3（3）、鱼腥草 3（3）、沙棘 3（3）、天冬 3（3）、天麻 3（3）、五味子 3（3）、西洋参 2（2）、玉竹 2（0）、白芷 2（1）、川芎 2（2）、灯盏花 2（1）、滇龙胆 2（0）、滇重楼 2（2）、葛根 2（2）、粉葛 2（2）、钩藤 2（2）、红花 2（2）、金线莲 2（0）、荆芥 2（1）、麦冬 2（2）、山药 2（2）、山茱萸 2（2）、水飞蓟 2（0）、玄参 2（2）、白芍 1（1）、苍术 1（1）、蝉拟青霉 1（0）、大黄 1（1）、地黄 1（1）、叠鞘石斛 1（1）、赶黄草 1（1）、红柴胡 1（1）、厚朴 1（1）、黄栀子 1（0）、金荞麦 1（1）、栝楼 1（0）、雷公藤 1（1）、蔓性千斤拔 1（1）、牛膝 1（1）、蓬莪术 1（1）、千层塔 1（1）、三七 1（0）、蛇足石杉 1（1）、石藤 1（1）、水栀子 1（1）、菘蓝 1（1）、温郁金 1（1）、仙草 1（1）、延胡索 1（1）、野葛 1（1）、郁金 1（1）、元胡 1（0）、远志 1（1）、浙贝母 1（1）、竹节参 1（1）、博落回 1（1）、茯苓 1（1）。

资料来源：杨成民等（2013）

第二节　品种选育方法

一、传统育种

杂交是人们熟悉的传统育种方法，虽然育种科学已有长足的发展，然而由于杂交可以将野生植物的一些优良特性传递给栽培作物，也可以将种间、属间甚至科以上的栽培作物的优良性状相互传递，从而扩大植物资源的利用，这是其他育种手段所不能代替的，因此在药用植物育种中仍然重视这一方法，并在改良药用植物品种、引种栽培等方面取得许多成就。近年来，药用植物生物学工作者采用杂交与生物合成相结合的研究方法，在探索各种活性成分生物合成的遗传规律方面取得很大进展。这些成就对药用植物育种和生药学研究都较重要。药用植物育种是植物育种的一部分，但由于药用植物栽培目的的特殊性，使得药用植物育种与其他植物育种既有相似性也有特殊性。与普通农作物相比，药用植物育种起步晚，研究基础薄弱，但随着药用植物的研究深入，系统育种、杂交育种、诱变育种、染色体工程育种、基因工程育种等较成熟的育种理论与方法逐步被引用借鉴，并很快取得应用成果。

（一）系统育种

系统育种也称为选择育种，是在现有的品种群体内，根据育种目标，选择有益的变异个体，每一个个体的后代形成一个系统（株系或穗系），通过试验，比较鉴定，选优去劣，培育出新品种。由于长期缺乏系统选育，自然形成的农家品种、优异单株较为丰富，在此基础上开展株系选育最安全、有效，也较符合中药材的道地性。魏建和等利用系统选育的方法从野生柴胡种质中选育出种子萌发率高、生长快、产量高、药材根形好的品种"中柴1号"，并在此基础上通过单株选择法以形态性状、农艺性状和品质性状为指标筛选优良种质，选育出整齐度高，深色根比率分别达83.2%、89.9%，柴胡皂苷含量分别达到1.3%、1.0%的柴胡新品种"中柴2号"和"中柴3号"。曹亮等对荆芥选育品系农艺性状和品质性状（挥发油和胡薄荷酮的含量）进行了比较，发现经过4~5代系统选育的S40具有增产潜力大、有效成分高等优点，成为在生产上推广的优良品种。人参、山姜黄、黄芪、当归、花椒、瓜蒌、金银花、沙棘、杜仲、三七、五味子、栀子、山楂、桔梗、月见草、西洋参、银杏、太子参的系统选育工作取得了较好的成绩，选育了一批优质的药用植物新品种。

（二）杂交育种

杂交育种是通过人工杂交把两个或两个以上亲本的优良性状综合于一个新品种的方法。杂交育种是当前农业最常用的育种手段之一，广泛应用于中药材的育种工作中，是获得新品的主要方法。其细胞生物学基础是不同来源细胞染色体分裂期中的分离和自由组合；而其分子生物学基础则是不同亲本来源的遗传物质DNA 分子中的基因片段的重组和转移，导致杂交后代性状的分离和改变。杂交育种产生许多新个体，因此要选择保留那些有利的新个体。这种新个体综合了来自父本、母本不同的优良性状的基因，使得新品种具有双亲的优良经济性状即杂种优势，产生超亲本的性状，符合育种目标。特别是那些通过杂交而获得的高产、稳产、优质、多抗、耐贮的中药材新品种正是生产中所需要的。根据参与杂交亲本的亲缘关系，杂交育种可区分为品种间杂交育种和远缘杂交育种两大类。

1. 品种间杂交育种

品种间杂交是指同一物种内不同品种间进行的杂交育种。魏建和等进行了桔梗杂种优势利用的基础研究，即包含桔梗的生物学特性与自交亲和性研究；种质资源遗传多样性研究；标记性状与颜色性状的遗传分析；杂种优势及配合力的估算；自交系选育方法等研究。并在此基础利用选育的雄性不育系 GP1BC1-12-11，配制选择出侧根少，适用于饮片加工的"中梗 1 号"，皂苷含量高适用于提取加工的"中梗 2 号"和粗纤维含量低，适用于食用和药用的"中梗 3 号"。马小军等以"龙江青皮果"为母本，"冬瓜果"为父本进行杂交，经单株优选、组培繁育而育成果实大、果形整齐美观、丰产性好、抗逆性强的优良雌性无性系品种"永青1号";以"青皮3号"为母本,"冬瓜果"为父本进行杂交,从其 F_1 代实生变异优株中选择,经组培繁育而育成果实大、果形整齐美观、丰产性好、抗逆性强的雌性无性系品种"普丰青皮"。王秋颖等通过天麻品种之间多年的正交及反交实验,培育出了4个杂交品种,其中有3个高产品种,而且遗传稳定性强,可以大面积推广栽培。此外沙棘、金银花等中药材通过品种间杂交,育成了优质的杂交新品种。

二年生草本药材的杂交与多年生木本药材的杂交育种原理相同,但产生的遗传变异不同,草本药材的杂交通过其杂交效应的利用方式进行组合育种和优势育种。组合育种是通过使不同亲本的遗传物质发生重组,用人为选择的方式产生具有双亲优良基因同质结合的新类型;而优势选育则是选择遗传配合力良好,产生非加成效应大的亲本组合,利用产量、抗逆性等方面的杂种优势,将杂交组合程度很高的杂种一代直接用于生产,这种方法可广泛用于一、二年生中药材的品种的快速选育上,是两种不同的育种程序,前者是先杂后纯,后者是先纯后杂,用于生产时前者利用同质结合类型,因而能在后代中稳定遗传表现出来,可以继续繁育留种。目前生产中采用的杂交新品种大多采用这种方法进行,如杂交丹参、地黄、菊花等。它的好处之一是药农选种这一品种时能够连续多年种植而种性不易退化。后者是利用杂质结合类型,是一种短期的优势实现,在后代连续种植后会发生严重的性状分离和巨变,导致品质变化不稳,不能连续留种,在生产上需每年提纯复壮制种,给药农生产带来不便,稍有不慎可引起大面积减产,品质严重退化,甚至绝产,一般要求较严,不易控制而较少采用。木本药材花器有单性花和两性花两类,因而存在自花授粉和异花授粉。单性花药材只能异花授粉即杂交,两性花药材既能异花授粉也能自花授粉,但存在自交能孕和自交不孕的差别，大多自交结实率低，主要靠异花授粉。在杂交前应从所需性状遗传方式较复杂的多基因控制的综合性状、亲本基因型、遗传力大小等方面选配亲本，尽可能使亲本间优缺点互补，充分利用主要经济性状的遗传规律，选配在生态地理起源上相距远的双亲，有目的地利用父母本性状遗传上的差异和品种繁育器官的能育性和交配亲和性。同时为了加快育种进程，快速改进中药材生产应当充分考虑杂交效率。为了亲本和杂交后代的未表现的隐形基因控制的重要经济性状能表现出来，可采用杂交后代与亲本之一进行回交或连续滚动回交（正交、反交），也可利用杂交后代姐妹之间进行杂交，三亲、四亲杂交方式，目的是使得某些没有表现出来的性状及不稳定性状能够稳定地表现出来，有时同时采用上述几种方法进行复式杂交。优势杂交一般只能利用杂交一代用于生产上做种子或种苗使用，只能种植一次，不能连续种植，需设立三系或二系育种圃，不断提纯繁育复壮不育系、保持系、恢复系等亲本，生产上很费事，且不容易去杂。一个优良的杂交组合形成的优良新品种，从亲本选择、育种目标设计、育种程序设计、具体实施杂交选育过程到最终鉴定，并在生产上大面积推广应用是一个很长的过程，一般需要 8~10 年。目前在科研生产上已实现杂交的药材有：黄芪、甘草、党参、地黄、白芍、丹参、桔梗、牡丹、山药、红花、白芷、半枝莲、白术、板蓝根、牛膝、百合、薄荷、紫苏、银杏、桑、合欢、青蒿、天麻、元胡、枸杞、柑橘、核桃、丁香等。

（1）实生选种　利用植物种子进行实生繁殖过程中产生的自然变异，从中选择能够稳定遗传的优良品种，是一种较基本的品种改良方法。可以在药用植物种植过程中结合田间栽培和管理进行选种留种。但这种变异在遗传上杂合程度高，特别是异花授粉，植物自由授粉率高，大多不稳定或不容易实现，或优良性状容易分离，专业育种时尽量少采用。传统药农种植的中药材大多用这种方法，特别是一、二年生的草本药材目前生产上仍采用这种育种方法。

（2）芽变选种　芽变是药用植物体细胞突变的一种，其基因突变发生在药用植物芽的分生组织细胞中，突变产生的性状发生变异。这种变异大多由于栽培及环境条件（肥水、土壤、地形、气温、降雨等）的变化而出现，并且大多不能够连续遗传，极少数是有实用价值的稳定遗传变异和可遗传的变异。芽变从外表可看到的是叶形、果形、枝条形态、植株形态的变异，同时有生长和结果习性、开花期、结果成熟期、品质、花朵内在物质如糖、酸、生物碱、淀粉、纤维素、蛋白质、脂肪、维生素等含量的变化及对某些生态逆境如寒冷、高温、干旱、水涝等的抵抗性增强等。一般较适合于木本药材的选种，可结合田间栽培管理措施进行，如杜仲、山茱萸、枸杞、甘草、皂角、喜树、厚朴、山柰、枳壳、枳实、香橼、佛手等。

2. 远缘杂交育种

远缘杂交育种是将植物分类学上属于不同种、属，甚至亲缘关系更远的科属间植物进行的杂交。王锦秀等采用枸杞与番茄进行属间远缘杂交育种试验，配置 21 个杂交组合，从中筛选出 7 个杂交组合，培养出 16 个杂交后代株系，其中有 2 个株系已开花结果，验证了某些茄科植物不同属间进行杂交是可行的，为培育大果粒枸杞新品种奠定了理论基础。吴才祥等采用天麻远缘杂交，通过对湖南家栽红杆猪屎麻、湘黔野生乌杆卵形麻、锥形麻、湖北家栽红杆脚板麻、本地野生乌杆姆指麻等几个品种之间的单交、回交、三杂交、双杂交等杂交育种试验，培育出在产量和质量上均具有杂交优势的 y_1、y_2、y_3 杂交后代。阮汉利等以川贝母 *Fritillaria lichuanensis* 为父本与以湖北贝母 *F. hupehensis* 为母本杂交而成的杂交贝母就具有结实率高、种子饱满、发芽率高、病虫害少等特点。

　　远源杂交通常只在一些亲缘关系较近、分类上属于同一种的不同变种或品种间进行，有些中药材在品种间或属间由于亲缘关系较远、类型不同，在遗传、形态、生理生化上差异很大，一般不容易杂交，保持了物种在遗传上的相对稳定性，但在特定情况下可以采用这种属种间的远源杂交以获得远缘杂种，而且从地理空间相隔甚远及属间跨度很大的不同属间杂交成功的杂交优势特强，如现在发现禾本科植物不同属种间，苹果属、梨属、柑橘属、葡萄属的一些种间比较容易进行远源杂交，是创造植物新种、新品种的重要途径，特别是利用现有野生物种与栽培品种杂交可以将一些野生属种的卓越特性如抗病、抗寒、抗旱等特性保留下来，获得意想不到的高产、高抗外界极端条件的优良新品系。农业上最著名最成功的是我国率先利用野生稻与栽培水稻进行远缘杂交获得的三系配套法培育的杂交水稻，已在大面积推广应用 30 年，高产、稳产、高抗病虫害就是一个成功的例子。我国是中药材故乡，拥有大量野生中药材品种，这些都为远缘杂交提供了丰富的基因材料，合理有序地开发将会为我国创造出更多的中药材新品种。

　　对于高等动植物来说，真正意义上的种子都是通过杂交而获得的，无性繁殖不能获得真正后代，只有少数药用微生物、药用昆虫能够进行无性繁殖或孤雌生殖。对于占药材绝大多数的药用植物来说，生产意义上的无性繁殖是嫁接和扦插，实际上是一种品种改良兼栽培技术，它不能创造新的品种，但能保持新品种的优良特性，品质优良、丰产性好、抗逆性强又适于嫁接或扦插的草本木本药材都可采用这种无性繁殖方式。目前科研生产上适于嫁接或扦插的药材品种很多，如柑橘属、苹果属、李属、蔷薇属、山荆子属、海棠属、梨属、樱桃属、栗属、悬钩子属、黄芪属、甘草属、杨柳属等都可采用这种方法保持母本的优良性状。

(三) 诱变育种

诱变育种是人为地利用物理诱变因素（如 X-射线、γ-射线、中子、激光、离子束和宇宙射线等）和化学诱变剂，对植物的种子、器官、细胞以及 DNA 等进行诱变处理，诱发基因突变和遗传变异，在较短时间内获得有利用价值的突变体，根据育种目标，选育新品种。KaulBL 等将颠茄的种子用 35KR 的 γ-射线照射，在其 M_2 代可分离出 15 个形态不同的突变体。这些突变体从高度、分枝状况、茎的颜色和纹理、叶形和大小、花的颜色、果实的颜色和大小以及着生的种子都具有差别，其总生物碱含量的百分比也产生相当大的变化。颉红梅等采用重离子束 55MeV/u40Ar+15 离子辐照甘肃当归 90-01 干种子，按新品种选育程序，经过多年育成当归新品种"岷归 3 号"，新品种在多地点的区域试验中较对照品种增产 15%，且药用成分含量明显高于对照品种。

1. 化学诱变育种

化学诱变育种技术属于人工诱变育种技术的一种，可以广泛用于中药材、动物学、微生物学的育种上。其理论基础是利用某些特定的化学药剂（诱变剂）与中药材种子或花粉等材料接触，产生一定的化学、生理生化反应，这些诱变剂的化学活性基团与生物体遗传物质分子中的某些部位结合或电离，使得种子或花粉母细胞的遗传物质发生突变而导致新品种的出现。这种方法简便容易实现，大大加速了育种进程。但同样需要对诱变产生的新品种进行连续不断的多代多次种植观察，以选择其稳定的可遗传的优良性状以利生产上应用。这种方法特别适用于药用真菌及草本药材的品种选育，常用化学诱变剂有：秋水仙素、亚硝酸、硫酸二乙酯、亚硝基肌、氮芥、羟胺、乙烯亚胺等。

2. 物理诱变育种

物理诱变育种也是一种人工诱变育种技术，被广泛应用于生物育种领域，它采用一些物理的方法如高能射线，X-射线、γ-射线、紫外线、中子、质子、激光、等离子体辐射、离子直线加速、纳米辐射技术、激光等，对暴露其中的中药材种子、根茎、叶片、花等育种材料进行不同计量和时间的辐射，引起这些育种材料的染色体变异、DNA分子链断裂和基因突变、缺失、加倍、易位、移位、重复、桥接、倒位、错位，从而产生新的生物品种，从中选择符合人类需要的高产、优质、抗病虫、抗逆的新品种。目前已进行过物理诱变的药材品种有很多，如柑橘属、柠檬属、梨属、李属、桃属、板栗属、葡萄属等，一般采用种子或休眠接穗、插条、球茎、吸芽、夏芽、花芽、休眠芽、匍匐枝、花粉、枝条、休眠插条等生物材料进行物理诱变。

3. 太空育种

是随着人造卫星和火箭的发射成功，以及人造宇宙飞船的成功飞行而兴起的新型育种技术，其本质也是一种物理诱变育种方法。利用人造卫星或宇宙飞船在太空、外太空长距离运行过程中，所接触的大量不同的天然的超强剂量的宇宙高能射线对所试验的生物体种子、组织器官等育种材料所产生的强烈电离辐射作用，导致生物体内细胞中的遗传物质发生变异、重组等而产生新的生物品种。它比起常规育种更加优越，更加快速高效，实现了绝对无污染、完全失重的、纯度在地球上根本无法达到的太空制药厂、太空组培车间、太空生物反应器，制造出超纯生物制品和生物制剂，如对艾滋病和癌症都有一定疗效的药用植物栝楼，其果实（瓜蒌）和根（天花粉）制成的天花粉蛋白，在太空宇宙射线的辐射作用下，可以转变为对疾病更加有效的物质。同时将瓜蒌、黄芪、红豆杉等一些名贵中药材的育种材料带到太空处理，将会培育出药效更高、副作用更小、更安全、产量更高的新品种。

自 1987 年开始，我国便展开了药用植物空间育种的研究，利用返回式卫星和飞船先后搭载过桔梗、红花、藿香、甘草、洋金花、黄芪等近百种药用植物的种子进入太空，并对返回地面的材料进行了较为深入的生长发育、生理生化、遗传变异等方面的基础研究。王志芬等研究了丹参种子航天搭载的诱变效应，表明经过航天搭载处理一方面提高了种子的出苗率，促进了幼苗的生长发育，植株的开花期提前；另一方面也同时降低了植株的单株结实率，增加了单株籽粒重，显著提高了种子的千粒重和单株结籽粒数，单株千粒重间的变异幅度都显著增大。目前正在进行黄芪、麻黄、大黄等好多种中药材的太空育种试验，预计不久的将来，会有更多的中药材品种用于太空育种试验，将创造出更多、更好、更符合人类可持续发展的中药材新品种。

（四）染色体工程育种

染色体工程育种是指在细胞水平通过对染色体的操作，使植物增加整套染色体组，或增加一条或多条染色体，或使染色体的结构发生变异（包括缺失、插入、重复、倒位、易位等）导致基因组 DNA 发生变异，从而使植株的农艺性状发生改变，使得筛选优良变异的选择成为可能。染色体工程育种包括多倍体育种、单倍体育种和非整倍体育种。目前染色体加倍已在多种药用植物中获得成功，这些植物包括黄花蒿、鬼针草、菊花脑、牛蒡、白术、芜菁、当归、川白芷、杭白芷、黄芩、丹参、南丹参、桔梗、芦荟、库拉索芦荟、药用百合、川贝母、黄花菜、红千层、生姜、芜菁、刺果甘草、黄芪、杜仲、枸杞、金荞麦、盾叶薯蓣等。除此之外，最近的研究也显示在党参、宁夏枸杞、向日葵、三叉蝶豆、茛菪、胜红蓟、具苞罂粟、茼蒿、鹰嘴豆、牛膝、飞燕草、菘蓝等药用植物的人工加倍也都获得成功。在多倍体育种研究方面：郝跃红等对柴胡通过秋水仙素诱导多倍体成功；杨敬东等对荞麦秋水仙素处理获得了多倍体。在四倍体育种方面：王跃华对川黄柏、杜仲种子通过秋水仙素处理获得四倍体；黄权军等利用抗微管物质诱导盾叶薯蓣形成了四倍体；丁如贤等用秋水仙碱处理决明获得四倍体；王朝梁等用秋水仙碱成功诱导出三七四倍体。目前诱导形成的多倍体主要分布于伞形科、菊科、唇形科、百合科等 13 个科 20 多个属，其中包括芦花、当归、川贝母、鬼针草、菊花脑、黄芩等珍稀药用植物。采用的加倍试剂主要为秋水仙素，加倍用的器官与组织主要为分生组织、愈伤组织、种子等，绝大多数获得了再生植株，加倍率高达 80%，获得的多倍体大多数为四倍体，个别为八倍体。

科研生产中常结合化学诱变法进行化学诱变多倍体，选择秋水仙素、萘嵌戊烷等药剂，采用浸渍法、涂抹法、滴液法、套罩法等处理植株幼苗、新梢、插条、接穗、顶芽、腋芽、种子等组织或器官，大多会引起这些植物器官组织部位的细胞有丝分裂中纺锤丝的形成，使得染色体不走向分裂细胞的两极，导致染色体加倍，这几种药用于一般的中药材植株上大都能获得多倍体后代。

1. 单倍体育种

自 1964 年，获得曼陀罗花药单倍体植株以来，在国际上引起很大重视。单倍体育种的特点就是，来自亲本的显、隐性性状都可以在当代表现出来，经过染色体加倍就可以获得纯合的二倍体。

2. 多倍体育种

染色体是植物基因的主要载体，因此染色体变异也是造成植物产生变异、产生新品种的重要方面。植物多倍体一般具有根、茎、叶、花、果的巨型性，抗药性强，药用成分含量高等特点，这也是育种的目的。自然界中约有一半的植物属于多倍体，单倍体植物植株比正常植株矮小，有很高的不育性，从药材生产上讲是不利的，只有经过染色体加倍成为二倍体或多倍体后才能用于生产。与单倍体和二倍体相比，植物的多倍体有几个主要的优点：植株个体器官的巨大性，单位经济产量高，可孕性低或无籽，特别非整数倍的多倍体，染色体分配不均等多倍体植株常表现新陈代谢旺盛，体内各种生理酶的活性强，各种有用的经济成分如碳水化合物、蛋白质、维生素、生物碱、单宁、鞣酸等物质的合成也很强，对外界环境条件的适应性也较强，抗病力、耐旱力、耐寒力较强，因此科研和生产上采用多倍体抗性育种方法将会获得很多优良性状的中药材新个体。目前许多药材已经采用多倍体育种方法进行，如苹果属的山荆子，李属的刺李、欧洲李，以及橙、蜜柑、佛手、香橼等。

（五）原生质体的培养融合育种

原生质体是没有细胞壁的裸露细胞，可以摄取外来遗传物质等为高等植物的遗传转化提供了有利条件，而且还可以相互融合产生体细胞杂种，为植物育种产生了新的途径。植物器官培养中常先产生大量愈伤组织，这是一种非组织形式继续扩大的细胞团，往往包含一些变异，由这些细胞进一步分化而得到的植株就获得了性状上的变异，这也是获得新品种的方法。

细胞融合育种是以体细胞为育种材料单位进行的，它可以克服远缘杂交的不亲和性，使亲本基因进行广泛的重组，创造自然界没有的新类型，也称原生质体融合，被广泛采用特别是药用真菌的体细胞杂交原生质体融合，极易产生具有新的优良特性的新的变种或品种，这种方法采用一定浓度的纤维素酶、果胶酶、溶菌酶等浸解药材的幼嫩组织，去除细胞壁，裸露出原生质体，在等渗溶液中不同亲本的原生质体可以相互渗透进入对方细胞内，同时将遗传物质带到对方的细胞内，并相互作用，产生新的变异类型，传递给后代。如将低产抗寒品种与高产不耐寒品种进行细胞融合，可能产生出高产抗寒品种，用低产抗病品种与高产不抗病品种进行体细胞融合，可能产生出高产抗病品种。

（六）组织培养技术育种

组织培养技术经过近百年几代科学家们的不懈努力，现已发展成为一门独立的工程技术，并带来了许多新兴产业。组培技术在研究植物生理、生化、病理、营养、代谢等方面有很重要的作用，同时在研究植物遗传育种方面也有很多独特的作用。现在能够对自然界几百种植物的根、茎、叶、花、果实、种子、胚乳、花药等许多器官组织进行离体培养，并获得成功。利用胚乳和花药进行的多倍体育种就是在组织培养基础上进行的，大大节省了育种的时间、空间、手续和人工等，提高了育种的成功率和目的性、准确率。胚乳的遗传基础有 2n 来源母本，1n 来自父本，因此母本对胚乳培养成功的影响很大，同时，有些植物种子成熟后养分已经全部转移到子叶内，没有胚乳而不能进行胚乳培养，接种的胚乳或花药除与合适的组织培养培养基有关外，选择合适的胚乳时期和花粉发育时期有很大关系，且各种中药材的合适时期不一，应当在实践中摸索掌握。

中药资源是我国中药产业的基石，随着我国中药工艺的快速发展，大型和超大型企业不断涌现、形成和发展，对我国的中药资源形成了很大的压力，近些年中药材濒危资源的不断增加，中药材价格的不断增长，足以表明我国资源保护和可持续利用工作的紧迫性和重要性。通过发展植物组织培养技术来解决中药材的资源问题，对我国具有特殊而且重要的意义。植物组织培养技术的应用可以体现在以下几个方面：一是通过植物组织和器官培养生产活性成分，保护濒危和珍稀药用植物资源；二是通过遗传多样性分析，对植物组织培养材料进行评价；三是通过植物组织培养技术研究道地药材遗传机制和环境机制；四通过诱导剂的添加提高培养物中活性成分含量；五是利用植物组织培养物进行基因功能筛选、验证及遗传转化研究。植物组织培养生产药用植物活性化合物药用植物细胞，毛状根和不定根培养技术是生产药用植物次级代谢产物的一种非常有价值的工具。目前，100 多种毛状根已经成功地被土壤农杆菌诱导，主要通过优化培养基和关键生理因素去增加毛状根培养的次级代谢产物的生成。韩国 CBN 生物科技公司，每年生产 40~45t 人参不定根，这是一个利用植物组织培养生产药品、食品和化妆品的成功范例。主要研究了培养条件的优化和诱导剂的使用来提高次级代谢产物的含量。由 WHO 资助的半合成青蒿素已经被赛诺菲公司研制成功，其用发酵方法由单糖生产的青蒿酸在 2013 年已形成 60t 左右的不定根培养体系。目前，为了大量的生产次级代谢产物，细胞、不定根、毛状根已经成功地应用于大规模培养。我国具有通过植物细胞发酵生产紫杉醇的巨大产能，杜绝了对紫杉树种植的依赖，也避免了他们与环境、可持续性、可靠性和质量稳定性相关的固有问题。近年来，药用植物细胞，毛状根和不定根培养受到了广泛关注，逐年增加，并且它的培养规模已经逐渐扩大。

二、现代育种

纵观国内外植物品种选育的历史，其技术发展的基本道路是：农家品种鉴定利用→常规品种选育→杂交品种选育→分子辅助标记育种、分子设计与基因工程。中医药的临床疗效、中药材品质的稳定和提高，又迫切需要有优良品种在生产上推广应用。同时现代生物技术迅猛发展，分子标记辅助选择育种、分子设计育种等新技术、新手段在农作物品种选育中发挥着越来越重要的作用。目前药用植物育种工作还应以系统育种法为主要手段，同时可以考虑单株选择和集团选择相结合，实施药用植物群体遗传改良策略。农作物品种选育方法仍以杂交育种、杂种优势利用等为主，但分子设计与基因工程成为提高育种效率，拓展遗传背景，导入外源基因的重要手段之一。

（一）生物技术品种选育

据世界卫生组织估计，发达国家人们日常消费的保健类产品，中草药来源占了近 80%，而所使用的原材料就直接来源于野生的自然环境，由于从药材里提取的药用成分含量都比较低，需要大量的药用植物，而人们对药材的挖掘，不仅破坏了药用植物的多样性，而且也对生态环境造成了严重破坏。这种药用植物的供求矛盾，也使得人们寻求新的方法来解决这一问题。生物技术辅助中药材品种选育研究尚待探索，虽然中药材育种取得一定成果，但中药材种类繁多，生物学特性、生长习性各异，种植的年限、种质纯化的程度、品种选育的基础等均各不相同。摆在中药材品种育种面前的需要解决的一个重大问题就是：如何将传统育种技术与现代生物、分子技术有机结合起来，迅速培育一批大宗常用药材的品种，并应用于生产，以快速改变目前中药材生产无良种的尴尬局面。

目前，一些生物技术相对成熟，如组织培养、脱毒技术、多倍体育种等。相比之下，原生质体融合、试管受精、基因工程等新兴的生物技术方法，尽管进展很快，但其在分子水平的研究理论及技术方面存在着不少问题亟待解决，尤其对于药用植物有效成分的生物合成和遗传调控机理的研究还基本上属于空白，因此这方面的基础研究还会对中药产品鉴定和品种选育有一定的推动作用。中医药的临床疗效、中药材品质的稳定和提高，又迫切需要有优良品种在生产上推广应用。同时现代生物技术迅猛发展，分子标记辅助选择育种、分子设计育种等新技术、新手段在农作物品种选育中发挥着越来越重要的作用。现阶段生物工程育种（分子设计育种）已成为常规育种方法的重要补充。

（二）分子标记辅助育种和分子设计育种技术

分子标记是一种分子水平上的遗传标记，已广泛应用于生物基因组研究，在药用植物的鉴定、亲缘关系、起源进化、遗传多样性、基因定位及克隆、代谢途径的基因工程研究等方面有广泛的应用空间。在药用植物中，主要是运用 ISSR、RAPD、AFLP 等分子标记技术辅助选择育种，进行遗传多样性的研究和种质资源鉴定。

种质资源是培育优良品质的遗传物质基础，药用植物育种必须以丰富的遗传资源为前提，尤其是野生亲缘植物和长期的生态适应形成的一些古老的地方品种、农家品种是长期自然选择和人工选择的产物，固有独特的优良性状和抗御自然灾害的特性，是人类的宝贵财富和品种改良的宝贵资源库、基因库。它们为药用植物改良计划提供了几乎用之不尽的遗传多样性资源。综观植物育种史，凡是突破性成就的获得与关键性种质资源的发现与利用是密不可分的。种质遗传多样性研究对中药材改良育种具有重要的意义。加强对不同地区药用植物原有种群的属、种、变种、类型及其近缘野生种的种质资源进行调查、收集、保存和研究，做好遗传变异规律及多样性研究评价，摸清药用植物的资源种类及各种繁殖方式特点，为药用植物育种奠定资源基础。

1. RFLP（Restriction Fragment Length Polymorphisma）标记

Botesetni 等提出了 DNA 限制性片段长度多态性概念后，该技术在植物遗传研究中广泛应用。它是利用限制性内切酶识别特定的核苷酸顺序并切割 DNA 后，由于酶识别序列的点突变或部分 DNA 片段的缺失、插入、倒位而引起酶切位点缺失或获得，使切割 DNA 所得的片段发生变化，从而导致限制性片段的多态性。RELP 标记的特点是：具有共显性特点，可以区别基因型纯合与杂合，能提供单个位点上较完整的资料；标记无表型效应，不受环境条件和发育条件影响；而且稳定重复性强。但是由于RFLP 标记对 DNA 需要量较大（5~10μg），操作烦琐，花费昂贵，使其应用受到一定程度的限制，主要用于作物遗传连锁图的绘制和目标基因的标记。

2. RAPD（Rapid Amplified Polymorphic DNA）标记

随机扩增多态性 DNA 技术是由 Willimas 在 1801 年发展起来的。Willimas 等在发现 RAPD 多态性并证明 RAPD 标记分离符合孟德尔遗传规律，是一种有效的遗传标记。该标记技术是以人工合成的随机寡聚核苷酸序列为引物，通常为 10 个碱基，利用 PCR 技术随机扩增基因组 DNA 模板的不同位点，得到一系列多态性 DNA 片段。扩增产物通过琼脂糖凝胶电泳分离，经 EB 染色后，即可进行多性分析。

3. SSR（Simple Sequence Repeat）标记

简单重复序列又称微卫星序列，指 DNA 分子中 2~4 个核苷酸串连重复序列分布于人类和动植物整个基因组的不同位置上，不同品种间其重复长度有高度的变异性，但微卫星 DNA 两端的序列多是保守的单拷贝序列，根据两端的序列设计一对特异引物，经 PCR 扩增，APGE 电泳及放射自显影，可以得到因简单序列重复单位数不同而引起的扩增片段的多态性。该标记多态性丰富，信息量大。但要获得 SSR 引物需要进行大量克隆、测序和杂交验证，这是难度较大且代价昂贵的工作。一旦开发出一套适用于某个物种的引物，就可以推广使用。

4. ISSR（Inter-Simple Sequence Repeat）标记

ISSR 是一种新型的分子标记，是由 ziektiweicz 等于 1994 年创建的一种简单序列重复区间扩增多态性分子标记。该技术检测的是两个 SSR 之间的一段短 DNA 序列上的多态性，它的生物学基础仍然是基因组中存在的 SSR。在动植物基因组中存在大量的

2、4、6 个核苷酸重复序列，因此大多数 SSR 标记所用的 PCR 引物是基于双核苷酸重复序列的。SSR 通常为显性标记，成孟德尔式遗传，具有良好的稳定性和多态性，DNA 用量少，技术要求低，成本低廉，并且 PCR 扩增时退火温度一般维持在 52℃ 左右，保证了扩增的可重复性。SSR 技术所用的 PCR 引物长度在 20 个核苷酸左右，与 SSR 不同的是不需要预先克隆和测序。

5. AFLP（Amplified Fragment Length Polymorphism）标记

扩增片段长度多态性是 Azbaeu 等于 1992 年发明的一项专利技术。它是以 PCR 为基础的 RFLP 技术，植物基因组 DNA 经 2 个限制性内切酶酶切后（通常一个酶切点数多，另一个酶切点数较少），与特定接头相连接，根据接头的核苷酸序列和酶切位点设计引物，进行特异性 PCR 扩增，最后分离扩增的 DNA 片断。AFLP 既具有 RAPD 快速高效的特点，又具有 RFLP 稳定可靠、重复性好的特点，同时由于 AFLP 采用的专用引物选择碱基数目和序列是随机的，故能提供比两者更多的 DNA 多态性信息，AFLP 技术是一种功能强大但是技术难度最高的分子标记，被誉为"金标记"。

20 世纪 80 年代以来，植物基因工程已捷足先登，成功地培育出印度大麻、木豆、灵芝、铁皮石斛、长春花、丹参、广藿香、甘草、薄荷、三七、红景天、马缨杜鹃、加州罂粟、地钱、蕨麻、苎麻、杜仲、菟丝子、人参、罗汉果、山药、留粟、黄芩、买麻藤、冬虫夏草、青蒿、卷柏、菊花脑、大麻等中药材的成功基因测序技术，为中药材的分子遗传学研究开辟了新大门，使人们得以从基因组水平洞察中药的作用机制。

（三）基因工程育种技术

基因工程技术是 20 世纪 70 年代发展起来的一项具有革命性的研究技术。它利用现代遗传学与分子生物学的理论和方法，按照人们所需，用 DNA 重组技术对生物基因组的结构和组成进行人为修饰或改造，从而改变生物的结构和功能，使之有效表达出人类所需要的蛋白质或人类有益的生物性状。基因工程技术不仅内容丰富，涉及面广，实用性也强。近年来，药用植物基因工程技术的快速发展，带动了医药生物技术产业的发展，形成了以基因工程为主体的生物技术领域。

药用植物基因工程研究在提高药用植物抗性（如抗虫、抗病毒、抗逆性等）及药用植物的有效成分含量等方面具有广阔的发展空间，同时也蕴藏着巨大的实用价值和经济价值。利用基因工程技术改良生物品种，是一种最有明确目的性的最彻底的改变物种的方法，人类已经取得很多突破性进展。目前我国已对多种中药植物进行了转基因研究：唐东芹等利用根癌农杆菌将半夏凝集素基因导入百合基因组中，培育出抗蚜虫能力增强的转基因植株；李彦荣等将几丁质酶（Chi）和 β-1，3-葡聚糖酶（GLu）的双价基因转入野罂粟，并对 T_0 代转基因野罂粟种子进行了卡那霉素叶喷、叶片涂抹试验；毛碧增等利用基因枪介导法转化水稻几丁质酶基因（RCH10）和苜蓿 β-1，3-葡聚糖酶基因（AGLU）获得抗立枯病白术，同时拓宽了白术抗病育种的基因库。其他在枳壳、菘蓝等中药中也已进行了转基因研究。近日中国中医科学院中药研究所本草基因组学研究团队联合青峰药业创新药物及中药注射剂国家重点实验室等多家单位共同完成了中药大品种穿心莲的全基因组测序工作，中药穿心莲基因组相关研究取得重要进展。

目前对药用植物有效成分生物合成的基因调控研究进展迅速，已经克隆了抗肿瘤药物紫杉醇、长春花碱、抗菌药紫草宁，抗疟疾药青蒿素及镇痛药吗啡等次生代谢产物的生物合成相关酶的基因。随着对代谢途径限速步骤的阐明和基因工程的发展，通过对基因启动子的置换、构建强有力的组成型启动子，使限速酶在转基因细胞中高效表达，或采用激活剂激活关键酶基因的表达，实现对代谢途径的调节，从而大大提高代谢物产量。世界上对药用植物基因工程研究的范围和深度都在不断加强，国外对薄荷改善代谢途径、提高挥发油产量的研究已进入应用阶段，我国虽然在中药材基因工程中的研究已涉及多种植株，但进行评价和规模化种植的研究尚未见报道。

我国野生药用植物种质资源丰富，但巨大的需求和消耗使得许多药用植物资源供不应求，甚至濒于枯竭。而近年开发并批准上市的新型药物中约有 50% 以上直接来源于药用植物或药用植物成分的修饰产物，药源短缺更是成为限制临床治疗和新药研发的最大瓶颈，虽然药用植物基地规范化种植的发展，在一定程度上缓解了部分药材的资源紧张问题，但药用植物大面积集中种植存在着连作障碍、病害严重等问题，而以常规育种手段难以获得克服上述问题的新品种。应用基因工程技术在改良药用植物、丰富药用植物种质资源、提高抗病和抗逆性、培养高含量活性成分的药用植物中有着良好的发展应用前景。

若干种转基因植物，并经一系列严格的科学试验、考察、评价、监测后，已进入到田间释放阶段，目前欧美等国已批准好几种转基因生物用于大田生产，供人类食用。我国也已批准几种转基因植物进入田间试验和评价阶段，基因工程最大优点就是有很强的预见性和目的性，把人们已经明确的生物的优良性状，如可以把某些沙漠植物的高光效基因转移到中药材体内，培育出高光效的中药材，提高光合效率，更有效地合成有机物以获得更多的经济产量，还可以把某些旱沙生植物抗旱基因转移到不耐干旱的体内培育出耐旱节水型药材，甚至可以把某种能够治疗人类和动物疾病的几种中药材的基因转移到一种中药材体内，使其同时产生出几种高效的治疗药物。总之，随着科技的发展和研究深入，基因工程育种技术将为中药材的产业现代化和人类文明带来更加美好的前景。值得注意的是基因育种技术是一门综合型工程技术，可以是上述几种手段同时穿插使用，而不应孤立和绝对化，如可以同时把太空育种技术、组培技术、基因工程技术揉合在一起更加、更快、更有效地创造出新品种。

第三节 品种选育存在的问题及建议

一、品种选育存在的问题

虽然中药材新品种选育已取得较大进展，但人工栽培的中药材仍有 60% 约 119 种左右没有选育出优良品种。此外，通过前期的积累和辐射带动作用，全国的中药材选育技术力量得到了极大强化，一支从事中药材种质资源和新品种创制的优势团队基本形成，但面对种类繁多的中药材，品种选育队伍还有待进一步培养壮大。

中药材品种选育研究尚停留在种质资源评价的"初级"阶段，育种手段和方法落后；新品种选育体系、评价体系、繁育体系没有建立；最有效解决农药残留问题的方法之一"中药材抗病育种"研究，也还没有取得实质进展。与此鲜明对照的是我国主要农作物的品种已更新换代 3~5 次，良种覆盖率达 85% 以上，新品种在农业科技进步中贡献率达 40% 以上。但仅有一些草类药材如甘草纳入《全国牧草品种审定委员会》和木本药材如金银花、杜仲等纳入《全国林木品种审定委员会》。

新品种的审定、鉴定、认定或登记工作中，对于新品种的种类界定受到限制，驯化自野生、引种自其他地区、农家品种、育成品种兼顾不足；同时，基本上未考虑中药材品种自身的特性，相对于农作物以产量优先兼顾品质，中药材则首先是品质（整齐度、质量指标）为先，其次才是产量、抗性。因此，有必要制定具有全国指导性意义的《中药材新品种认定指导办法》，促进国家级中药材新品种审定委员会的建立。

中药材新品种的区域试验还处于自发状态。对比全国农作物品种区试网点规模近 300 个而言，中药材的国家级或省级的试验站还很少。众所周知，中药材品质具有受到遗传和环境的双重作用，中药材新品种的选育、鉴定或审定、推广是一个长期的过程，因此建设国家级或省级中药材品种试验站才能从根本上保证新品种试验、推广的公正和可靠，并有力地促进全国中药材品种审定、鉴定、认定或登记工作逐步走向管理科学、严谨、可靠的规范化轨道。

二、品种选育的建议

目前，常用的中药材中经选育的优良品种不多，大多数人工栽培的中药材没有进行系统的种质资源的调查、收集、整理、保存和评价工作，缺乏遗传育种学各项遗传参数、生长发育规律、种子特征、药材质量药效与栽培因素的关系等基础数据的积累，特别具有高整齐度、高产、优质或高抗的新品种还不多，而在中药材生产上大规模推广应用的品种更少。因此，亟待从以下 6 个方面开展工作：

一是培育人工栽培的良种中药材的新品种。在建立种质评价基础上，以"选择育种"为主要育种手段，以培育常规品种为主，尽快选育出中药材良种新品种，在生产上大规模推广应用。

二是选育可控性更好、抗性更强、品质更优中药材新品种。选择研究基础好、已选育出新品种的药材，进一步选育创制出可控性更好、抗性更强、品质更优新品种，满足不同中药材产区对不同品种特性的要求，如柴胡、薏苡、青蒿、枸杞、罗汉果等中药材。

三是开展中药材的杂交育种。对于有条件的药材，如当归、丹参、桔梗等可以开展杂交育种或杂种优势利用研究，从而提高中药材选育的技术水平，为深入研究中药材品质性状的杂种优势遗传特点奠定基础。

四是开展中药材的生物工程育种探索。对于丹参、柴胡、青蒿等次代谢途径研究较为清晰的中药材，可开展性状的分子标记、遗传图谱构建、品质性状遗传定位等的研究，为分子标记辅助选择育种、分子设计育种奠定育种。例如可利用人工非编码RNA和基因过表达技术，提高药材有效成分的含量，或利用合成生物学技术，移植生物合成途径，创建可高产目标成分的中药材新品种。

五是开展品质性状遗传规律研究。需要大力开展种质的纯化，为杂交育种、性状遗传学的研究积累一批遗传材料。在此基础上开展性状遗传规律，特别是争取品质性状遗传规律研究有突破。针对药材的不同用途开展针对外观品质、有效成分、药效强度等不同层面的品质育种。

六是建立起符合药品特性的中药材品种选育技术方法和区域基地。建立符合药品特点的中药材新品种鉴定技术体系，建立满足中药材复杂生长特性的新品种选育、区试示范国家或省级基地。

第五章　中药材种子种苗生产与检验

第一节　小粒种子丸化技术

种子是处于休眠状态的生命活体，其休眠是由于受内在因素或外界条件的限制，一时不能发芽或发芽困难。在播种前对种子进行适当的处理，不但能打破种子休眠，促进种子萌发，提高发芽势和发芽率，而且还能起到壮苗、增产和防治病虫害的作用。中药材生产上用种子繁殖的种类约占 65%，大多又是小粒种子。为便于精量播种，减少间定苗成本，采用小粒种子丸化技术，是实现中药材优质高效的重要措施之一。

一、种子丸化技术及作用

（一）种子丸化的概念

种子丸化（Seed pellets）也称种子丸粒化。种子丸化技术就是采用分层包衣的原理，选择无腐蚀、易吸水的填充物，在种子核心及高强度黏合剂的作用下，将多元微肥、微量元素、杀虫剂、杀菌剂和抗旱吸水剂等，逐步使药料与无毒辅助填料混合后均匀包裹在种子表面，改变种子的表面特性，使种子面为圆球形，粒径增大到原种子的几十倍，甚至 100 倍以上，并具有一定的抗压强度，便于机械播种或长距离运输的种子处理技术。种子丸化不同于种子包衣，种子丸化主要应用于小粒种子，目的是增大种子的直径。而种子包衣（Seed coating）技术是将种子在各种成膜物质的作用下，根据种子表面的物理特性调整成膜物的黏度，并把各种营养物质如微肥、生长素、杀菌剂、杀虫剂、防腐剂等包裹在种子的表面，做成类似于原来大小和形状的种子处理技术。该技术也称为包膜技术。这类方法适用于大粒种子，如大麦、小麦、大豆、玉米等。

丸化技术主要用于粒小（通常指千粒重在 10g 以下的种子）和外形不规则的种子，根据其不同的应用目的，形成不同的丸粒化类型。种子丸粒化是种子处理中的一种，它主要是指将某些物质包被在种子表面，以改变种子形状，增大种子体积，促进种子萌发和植株生长，提高种子抗性的处理，经丸化处理的种子体积可以增大至几倍，称为丸化种子或种子丸，不仅适用于机械化精量播种，而且可改善种子的质量，并将化学物质对环境的污染降到最低。种子丸粒化技术作为将多种处理试剂、多种处理技术等结合为一体的综合处理技术，具有某种单独处理技术无可替代的优点，代表种子预处理技术的发展方向。

（二）种子丸化的作用

种子丸化技术不同于拌种或浸种，它将防病治虫、补素化调、集中施肥等技术有机结合起来，成为农业新技术的结晶。其作用可概括为"二增""二保""三省"和"四防"。"二增"即增产和增效。其增产机理主要表现是：在吸水膜和营养制剂的作用下，增加了幼苗对环境的抗逆能力，从而使幼苗素质健壮，为高产奠定了基础；增效作用主要表现在"三省"——省工、省肥、省种子。"二保"就是保护天敌和保护环境。一般来说，国内推广的包衣和丸粒化营养制剂中的防虫药物经种子包衣和丸粒化处理后，杀虫成分缓慢释放，其剂量足以能够达到有害生物的有效致死剂量，但不伤害天敌，同时隐蔽施药也可以保护环境。"四防"就是防病、防虫、防雀和防鼠。它是实现精量播种，解决小粒种子难播种、难培育壮苗的有效措施之一。

目前美国、英国、西北欧等国家和地区的很多种子基本上都已实现丸粒化，各种包衣类型的技术已相当成熟，发达国家的机械化程度高，且逐步建立了规范的丸粒化标准，特别在蔬菜、花卉等高成本种子上应用广泛。我国丸粒化技术起步较晚，现主要应用于大田作物、蔬菜、牧草等作物上，在中药材牵牛、肉苁蓉、党参、罂粟、防风中也有应用，并表现出良好的效果，所以应加深对丸化技术的研究及在中药材种植中的推广应用。种子丸化是一项适应精细播种需要的农业高新技术，是将某些物质包被在种子表面，制成表面光滑、大小均匀、颗粒增大的丸粒化种子，以改进种子的形状、增大种子体积、提高播种质量，促进种子萌发和植株生长。种子包衣丸化技术作为中药材实现良种标准化、播量精确化、加工机械化的重要途径，已成为中药材栽培及种子产业化领域的研究热点之一。其作用机理是：

1. 便于根际水分调控

随着中药材的生长和根际土壤水分的变化，保水剂可以缓慢地释放和吸收水分，供植物根部吸收利用。在包衣剂中加入适量的保水剂可使丸粒膨胀成"蓄水球囊"，然后逐步释放水分，为种子正常萌发提供良好的水分条件。保水剂能显著影响种子的萌发和幼苗的生长，保水剂含量越多不利于幼苗的健壮生长。包衣剂中添加填充剂主要用于改变种子的外形，提高播种时的流动性，并使种子具有良好的透气性，利于种子发芽和幼苗生长。种子进行丸粒化处理，将保水剂、填充剂、营养物质等按一定配比组合的包衣剂包裹在种子表面，包衣剂中活性物质（保水剂、杀菌剂、营养物质等）与非活性物质（填充剂、粘合剂等）形成网状结构，吸收水分后活性物质释放出来，为种子形成一个微土壤环境，以此提高种子对不良环境的抵抗能力。

2. 便于精量播种、促壮苗

丸粒化增大了小粒中药材种子的体积，使其易于机械定位，便于精量播种，为其大规模机械操作提供了基础，节省了劳动力，减少了育苗时的种子损耗，降低了生产成本。丸化种子的萌发时滞较普通种子有所延长，发芽势及发芽率低于未丸粒化种子，但其幼苗根及芽的生长优于未丸粒化种子。由于丸化剂的包裹，种子没能更好地进行呼吸，或种子没能冲破丸化剂的包裹，或种子外面的丸化成分溶化后造成种子周围的溶质浓度过高而抑制发芽，使丸化种子发芽延迟、发芽率降低。但丸化剂能给种子提供一定的营养物质，在一定程度上满足了作物幼苗对养分的需求，故其芽和根都比较长且粗壮，幼苗移栽质量较高，利于后期的大田管理及药材质量的提高，给药农带来了切实的经济效益。种子丸粒化处理，最基本的要求就是对种子本身没有不良影响，这可通过测定种子的发芽势、发芽率、发芽指数及幼苗株高和苗干重等指标来判断。刘明分等研究认为，丸粒化处理的种子适于精量播种，在种子萌发过程中，各种营养元素缓慢释放，促进萌发期植物体内营养物质转化与合成，充分满足了种子萌发与生长的需要。

3. 增强抗逆能力

可溶性蛋白质是植物抗寒性的重要指标，丙二醛也是植物抵抗胁迫的重要指标之一。丸化种子幼苗可溶性蛋白质、丙二醛、可溶性糖含量均高于普通种子，说明种子丸化能够提高幼苗可溶性蛋白质、丙二醛、可溶性糖含量，主要原因是丸粒化剂所包含的营养物质被幼苗吸收，使其含量增加。说明丸化处理在积累萌发过程中所需要的能量以及增强抗逆境胁迫能力方面具有积极意义。

4. 利于幼苗移栽

种子丸化利于移栽幼苗的生长，主要原因是丸化剂所包含的营养物质被幼苗吸收，提高了幼苗移栽质量。可溶性蛋白质是植物抗寒性的重要指标，也是植物性状表现的物质基础。因此，植物体内可溶性蛋白质含量高时植株更健壮，对环境的适应能力强。植物为了适应逆境条件，也会主动积累一些可溶性糖，降低渗透势和冰点以适应外界环境的变化，逆境下植物体内的可溶性糖大量积累，既可作为能量储备，又可作为植物体内的渗透调节物质，减少外界对植物造成的伤害，在生理上和实践上都有重要意义。

二、种子丸化工艺流程

（一）丸化工艺流程

在种子筛选、消毒的基础上，利用液相载体，在高强度粘合剂的作用下，将辅料 A 物质和 B 物质等原料逐层丸化、包衣于中药材种子表面。其丸化工艺流程如图 5-1 所示：

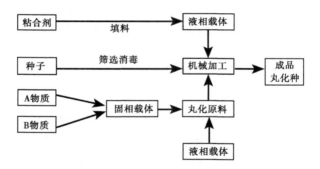

图 5-1　种子丸化工艺流程

（二）丸化种子剖面图

丸化种子剖面分为"一心五层"（图 5-2）。以种子为核心，在丸化过程中，根据种子的萌发特性和发芽条件，内保护层以特殊填充物为主，使种子萌发时不伤害胚根和胚芽；营养层以营养性填料为主，供给种子和幼苗所需养分；农药层根据作物病虫害发生种类而确定农药类型、剂型以及农药的使用浓度；外保护层以不同于内保护层的填料为主，防止播种时农药对人体的危害及对环境的污染，该层与丸粒化种子的抗压强度和裂解度有关；最外层为警戒着色层，因品种而异设置不同的颜色，防止品种混杂以便管理。

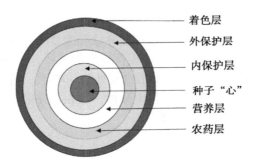

着色层
外保护层
内保护层
种子"心"
营养层
农药层

图 5-2　丸化种子剖面

三、丸化包衣机主要结构及工作原理

（一）主要结构

丸化包衣机主要由包衣机、液状物料加料系统，防尘系统和电器设备等组成。包衣机主要由传动装置、丸衣罐、机动减速电机张紧装置及电机等组成。液状物料系统，主要由电动压缩泵，贮水贮气箱等组成，用以将粘结剂及液状物料在喷射过程中剧烈膨胀成雾状。防尘装置主要由外壳及防尘玻璃等组成。

（二）工作原理

丸衣罐回转时种子被罐壁与种子之间，种子与种子之间的摩擦力带动随罐回转。到一定高度后，在重力的作用下脱隔罐壁下落。到罐的下部又被带动，这样周而复始地在丸衣罐内不停地运动，粘着剂定时地经电动喷枪呈雾状均匀喷射到种子表面。当粉状物料加入后，即被粘结剂粘附，如此反复使种子不断被物料所包裹成包衣丸化种子。

四、丸化种子发芽率或出苗率的测定

发芽率或出苗率的测定，可以分别采用盆钵土培、盆钵沙培、培养皿皿培及田间试验 4 种方法，均设 3 个重复。

（一）盆钵土培

盆钵土培简称土培。一般用盆钵盆径为 24cm，内装 11cm 土层、上铺 0.5~1cm 细沙。土壤湿度以轻握成团，一触即散为宜。湿度不够时用手动喷雾器离地面 1m 处均匀喷水。播后用塑料薄膜覆盖，以便保墒。每天通风 1 分钟，放在阳光散射的地方，避免阳光直射，水分蒸发太快。

（二）盆钵沙培

盆钵沙培简称沙培。盆底铺细沙 1~2cm，将种子均匀撒播于细沙面上，然后再覆细沙 0.5~1cm。管理方法同土培。

（三）培养皿培养

培养皿培养简称皿培。常用培养皿、发芽盒作为培养器材。

1. 培养皿

采用皿径为 9cm 培养皿，以发芽纸为发芽床。将发芽纸湿润，稍控干，以不滴水，种子周围无水膜，且丸化种子不裂解为适度。每盒均匀点放 60~80 粒种子于发芽纸上。放在阳光散射的地方，每天通风 1 分钟，以防霉烂。湿度不够时用滴管加水，使滤纸湿润。未发芽前每隔 2 天加一次水，水量为 1ml。发芽后 4~5 天加水一次，加水量也为 1ml。

2. 发芽盒

采用盒底铺发芽纸的发芽盒。管理方法同培养皿培养。

3. 带海绵发芽盒

发芽盒底部垫一层吸水海绵，再放上发芽纸。管理方法同培

养皿培养。

发芽盒、培养皿和带海绵发芽盒须加强管理，以防干死、发霉，影响发芽率。

（四）田间试验

采用灌水保墒再覆膜点播的方法，每穴点播 1 粒丸化种子。播种前测定土壤水分不小于 12%，膜间距离 40~45cm，株、行距 3~5cm。

以上 4 种丸化种子发芽率或出苗率的测定方法中，皿培测量值比实际值略低，土培法及带海绵发芽盒后期管理简便，发芽率接近实际值，而且整齐度好，重复间差异小，均可采用。但要注意土壤水分，以土壤水分在 14%~16%测定的结果最理想。

第二节 脱毒快繁技术

一、脱毒快繁技术的概念及作用

植物快繁技术是一种基于细胞全能性与植物全息性的一种育苗技术。经典性的植物学提出了细胞的全能性，即植物细胞包含的 DNA 基因在适宜的条件下，能复制出与母本遗传性状相同的植株。生物全息律指出，植物体的任何部分都包含整体的所有信息，在创造出适宜生境条件下，全息性都能得以表达。它是依赖于组织或叶片自身的光合代谢能力以完成它整个植株发育所需的营养与能量，所以它的根系特别发达，因为它利用叶片源源不断的光合作用能力提供了大量的自养碳源，而且再加上切口环境透气保湿良好，根系发育特别多而发达，是任何一种育苗技术无法比较的。

中药材种植中品质退化严重，在一些栽培作物中，由于长期大田种植，病虫危害传播，在植物体内或种子胚胎中积累一种能抑制作物生长的病毒。这些病毒使植物正常的生理机能受到干扰和破坏，出现花叶、黄化等症状，从而造成种性退化，抗性降低，生长减缩或出现变色、坏死、畸形等，产量降低，品质变劣，甚至导致植株死亡。病毒给中药材种植或农业生产造成的损失是相当严重的，因此，消除和控制病毒感染是提高中药材产量和质量的一项重要措施。

二、脱毒快繁技术与中药材生产

病毒性感染是植物中较普遍的一类病害，大多数植物都存在或多或少的病毒感染，也会严重影响中药材产量与质量。尤其是以无性繁殖的中药材，由于病毒的积累，会导致植物病毒浓度升高，引起品种严重退化。脱毒快繁技术即是通过对繁殖材料去病毒处理，并应用组织培养方法快速繁殖脱毒种苗的一种新型农业技术，是减少病毒感染，防止品种退化的一种有效方法，已广泛应用于农业生产。研究显示，脱毒快繁技术能显著改善中药材品种农艺性状，提高中药材产量和质量。例如，罗汉果脱毒苗植株健壮无病，长势旺，结果早，数量多，品质高，与传统压蔓技术种植的普通苗相比，种后第一年结果的植株达50%~70%，增加近1倍；平均每株挂果约30个，增加了两倍，一级果增加了15%，有效成分罗汉果甜甙的收取率则提高了5%。因此，脱毒快繁技术对于提高中药材产量和品质具有重要意义，值得推广应用。

（一）脱毒快繁技术的基本方法

脱毒快繁技术主要包括繁殖材料的脱毒处理、组培育苗、病毒检测、炼苗、移栽几个阶段。

1. 脱毒处理

（1）茎尖培养脱毒法　病毒在维管中传播速度快，但由于茎尖的分生组织无维管系统，病毒依靠胞间传播非常困难，故茎尖无病毒或病毒较少，可经消毒后切取茎尖培养，以达到脱毒之目的。茎尖的存活率与茎尖长度成正相关，但脱毒率与茎尖长度成反相关。例如，当葡萄切取茎尖长度为 0.2~0.3mm 时，存活率为 21%~38%，脱毒率为 91.4%~97%；当切取 0.5 mm 以上时，存活率为 75%~83%，脱毒率为 70.6%~76.5%。切取的茎尖一般应小于 1mm，通常为 0.2~0.5mm，保留 1~2 个叶原基。由于木本植物分生组织在离体条件下不易生根，所以常常采用微嫁接法，将无毒的茎尖嫁接到试管中繁殖的砧木上，便可得到完整的植物。

（2）热处理脱毒法　将植株放入温度较高的培养箱或培养室内培养，利用热空气使病毒逐渐失去活性而获得无毒植株。培养温度一般为 35~45℃，培养时间多为 2~4 周或更长。此法的缺点是高温易使植株死亡，因此为了增强植株成活率，可采用高低温结合的变温方法。此法脱毒往往不彻底，故常取其茎尖培养。另外，亦有切取茎尖用 50℃ 热水浸泡 5~15 分钟脱毒的。

（3）抗病毒药剂脱毒法　其作用原理是利用抗病毒剂阻止病毒外壳或核酸的形成。常用的抗病毒剂有三氮唑核苷（病毒唑），5 - 二氢尿嘧啶（DHT）和双乙酰 - 二氢 - 5 - 氮尿嘧啶（DADHT）。一般是将药物直接注射到带病毒的植株上，或者加到植株生长的培养基中，然后取其茎尖培养。

目前运用最广的是茎尖培养脱毒法。除上述方法外，还有花药培养法、胚珠培养法等。为了减少或消除材料中的病原微生物，亦可在取材前对植物喷洒杀菌剂。

2. 组培育苗

组培育苗是在室内进行的，育苗过程要严防微生物污染，并保持适宜的光照、温度、湿度等环境条件。

（1）培养基的制备　培养基有多种，如 MS，N6，White 培养基等。一般地说，培养基含有大量元素、微量元素、铁盐、维生素、激素、糖和琼脂等物质，有时还需在培养基中添加有机附加物，如活性炭、椰子汁、香蕉汁、马铃薯汁等，培养基还需要保持适宜的渗透压和 pH。常用的培养基为 MS，为一种基础培养基，通常需添加激素（如 IAA、NAA、IBA、6- BA 等），2%~3%的蔗糖，添加 0.5%~1%的琼脂则可制成固体培养基。在培养的不同阶段，所需培养基的成分和培养条件往往有所不同，故应进行试验探索，以寻求最佳培养基配方和适宜的培养条件。培养基配制好后，分装于玻璃瓶管，然后灭菌。

（2）中间繁殖体的培养 将脱毒的材料放入已经灭菌的培养基中培养，诱导产生愈伤组织、丛芽、原球茎、胚状体等中间繁殖体。可将中间繁殖体分切，再转继代培养，使之不断增多。上述培养既可采用固体培养基（茎尖初培养多采用固体培养基），也可采用液体培养基，后者一般要旋转或振荡，以促进养分的吸收和增强透气性。

（3）芽的诱导 将上述培养物转入生芽培养基中，诱导其产生芽。若培养物已经长芽，则可直接进行根的诱导。

（4）根的诱导 将已长芽的培养物转入生根培养基中，诱导其产生根，使之形成完整的植株。

3. 病毒检测

组培形成的植株需检测其带毒状况，以便选择无病毒的植株用于炼苗移栽。另外，在未形成植株以前的各个阶段，也应检测带毒状况，以选择无毒材料继续培养，从而减少资源浪费。检测病毒的方法主要有指示植物法、电镜观察法、酶联免疫测定法等。

（1）指标植物法 有些植物病毒症状不明显，则可将其病毒接种于对之敏感的指标植物上进行观察。通常是用脱毒苗与指标植物摩擦或将脱毒苗研磨汁液涂抹在指示植物上，根据枯斑进行评判。指示植物一般有两个类型，一种是接种后产生系统症状，其症状通常没有局部病斑明显；另一种是只产生局部病斑，常由坏死、褪绿或环斑构成。对于木本植物等难以用汁液接种的，也可将原始寄主嫁接于指示植物上。常用的指示植物有千日红、豇豆、菜豆、曼陀罗、心叶烟等。

（2）电镜观察法　制片后用电子显微镜直接观察，检查有无病毒，以及病毒颗粒的大小、形态、结构等。

（3）酶联免疫测定法　此法是利用酶标记的抗体直接或通过免疫桥与包被在固相支持物上待测的抗原或抗体特异性结合，检测病毒的方法，包括双抗体夹心法和硝酸纤维素膜法。酶联免疫测定法是免疫探针法之一。免疫探针法是基于抗原与抗体的特异性反应，还包括沉淀素实验、ISEM、环形界面测试等。此外，还有核酸探针法，此法是基于核酸杂交技术，即一条核酸链可与另一核酸（DNA 或 RNA）互补结合，将探针核酸用放射性同位素标记，杂交后的双链即可被检测。

4. 炼苗

上述培养是在室内、瓶管中进行的，由于人工环境与外界环境差异较大，故将试管苗直接转入大田栽培会导致大量死亡，因而应先进行炼苗，使其逐渐适应外界环境后再移栽。炼苗主要是将试管苗栽于湿润、疏松的基质中，并注意保湿、遮光，以后逐渐减少浇水和荫蔽度。炼苗应在网室内进行，以防蚜虫等传播病毒。常用于炼苗的基质为蛭石、珍珠岩、粘沙、碎木炭、谷壳、锯木屑、蕨根等，用前应灭菌处理。

5. 移栽

通常是将炼苗后的幼苗栽入育种田中，以进一步扩大繁殖无毒种苗或其他播种材料，用于大田商品生产。

（二）脱毒快繁技术生产中药材的优缺点

1. 优点

由于无性繁殖不易变异，能保持母本的优良性状，并能固定杂种优势，而且生产周期短，所以中药材大量采用无性繁殖，因而病毒感染较重，并使品种退化。脱毒快繁技术是减少病毒性感染，提高中药材产量与质量的重要措施，具有以下优点。

（1）脱毒效果好 对于无性繁殖材料，传统防治病毒的方法主要是选种，即选择无病毒繁殖材料播种，但此种材料往往缺乏，况且繁殖材料众多，也不易鉴别，因而难以保证材料无毒。而脱毒快繁方法则是以少量无毒材料进行快速繁殖，只要保证了初始材料无毒，则可迅速培育出大量无毒种材，因而脱毒效果更好，更易把握。

（2）对植物无损伤 目前还没有有效防治植物病毒的药剂，而且病毒的繁殖与植物细胞的生理机能密切相关，也不易开发出既能有效消灭病毒而又不会损害植物的农药。而脱毒快繁对植物基本无损伤。

（3）广泛适应性 脱毒快繁广泛使用于各种植物，无论草本、木本植物都可应用。

（4）脱毒全面性 脱毒快繁通常不只是脱去病毒，而且也能脱去病原性细菌、真菌等病原体，减少病虫害的发生。

2. 缺点

脱毒快繁技术的缺点是技术复杂，生产脱毒材料的成本较高。一方面各种植物脱毒快繁方法不尽相同，需要试验探索，也只有具备一定专业技术知识的人员才能进行生产。另一方面，脱毒苗是在室内人工环境条件下进行的，需要一定的实验设备、化学试剂、电力等。脱毒材料一般种植 3~5 年后，也会感染病毒，需要更换新的无毒繁殖材料。目前已有人在探索简化培养基和利用自然光源，也有人采用非试管快繁技术，成功地利用土壤基质或营养袋快速繁殖植物。若是将脱毒组培技术与非试管快繁技术结合，则可利用少量脱毒苗通过非试管快繁迅速得到大量无毒繁殖材料，必将大大降低生产成本。要规范脱毒材料的生产，建立标准化的生产基地，这样才能保证种植材料的优良性和无毒性。另外，还要加强对脱毒材料使用的技术指导，防止病毒的再感染。

（三）脱毒快繁技术在中药材生产中的应用前景

目前，我国正在推动中药现代化，并已经开始了"中药材生产质量管理规范"（GAP）的认证。随着 GAP 的实施，必将进一步促进脱毒快繁技术的研究和应用，因而在中药材生产中具有广阔的发展前景。GAP 的核心是提高中药材的质量，使中药达到"安全、有效、稳定、可控"的质量标准，而解决中药材质量，其中一个重要方面即是要求使用品质优良、无病虫害的种质材料，以降低农药的使用和污染，提高药材品质。脱毒快繁技术是生产优良种质材料的重要方法，对于提高药材产量和质量具有重要作用。此外，GAP 的实施也必然使中药材生产走向规模化、基地化的发展道路，这也为脱毒快繁技术的应用提供了有利环境，促进了脱毒快繁技术的研究和推广。虽然脱毒快繁技术有它自身的局限性，但随着技术的进一步成熟，成本的进一步降低，产出与投入比的进一步增加，脱毒快繁技术必将得到广泛推广应用。

当前，我国药用植物的脱毒快繁技术正在迅速发展，已取得了一些重要成果，报道较多的有罗汉果、石斛、地黄、薄荷、生姜、人参等。但大多数技术还不够成熟，脱毒率低，移栽死亡率高，这些进一步增加了生产成本，需要进一步研究解决。脱毒快繁技术的推广应用，关键是要进一步完善技术，降低生产成本。

第三节　中药材种子种苗检验

中药材的种子、种苗比一般农作物的种子、种苗具有其特殊性。从基源来看，中药材相当一部分属多来源（约占《中国药典》收载品种的1/4），即使来源于同一植物，也往往由于栽培类型的不同而在生产性状上呈现出较大的差异，而中药材的有效性、安全性与其植物基源有着十分密切的关系。筛选和培育遗传性能稳定、高效优质、抗病性强的栽培品种，已成为提高中药材质量和产量的主要途径之一。同时，中药材种子本身具多样性和复杂性，包括种子、种苗的外部特征、内部构造、休眠和萌发习性、寿命习性等。因此，中药材优良品种是生产优质中药材的基础，只有通过良种的选育才能实现中药材品种的生物学性状整齐、遗传基因稳定、产量稳定、药用成分含量高且稳定可控。中药材种子种苗标准化包括中药材良种生产、种子种苗生产、种子种苗质量分级、检验方法规程、种子包装、运输、贮存等一系列内容。

一、种子检验

中药材种子的检验是采用科学有效的手段，种子质量的优劣一般可从种子的纯度、净度、千粒重、发芽率、粒重、真实性、生活力、健康度和水分含量等方面来体现，依据这些检验结果聚类分析即可对种子进行质量分级、等级差异，较真实地反映了种子内在品质。对于中药材而言，种子的质量决定了该品种的品质，对药材的安全性、稳定性及有效性都会有所影响。

我国中药材种子质量与检验研究主要参考农作物种子研究方法，对质量标准或检验规程开展研究的中药材种子占我国药材种子比例很小，远落后于作物种子和蔬菜种子。目前，我国常用的300多种中药材中，仅人参等少数中药材的种子质量有国家标准，当归、党参、黄芩、牛蒡、板蓝根、秦艽、羌活、菘蓝、北柴胡、西红花等中药材种子质量有地方标准，其余品种没有种子标准。

（一）检验依据

我国中药材种子检验尚无专门规程，在中药材质量检验研究中，主要参考《国际植物种子检验规程》和引用国家标准《农作物种子检验规程》、《牧草种子检验规程》、《林木种子检验方法》、《主要农作物种子包装》、《主要农作物种子贮藏》、《农业植物调运检疫规程》和地方标准《农作物种子标签》，在真实性检查中，以种子入药者参照《中华人民共和国药典》鉴别项要求。

（二）检验方法

1. 发芽试验

中药材种子发芽试验研究主要考察种子发芽温度、光照、发芽床等发芽条件，如甘草、党参、云木香、川牛膝、银柴胡种子发芽条件的建立。中药材种子室内发芽率测定和田间实际出苗能力间的关系问题。田义新等对薏苡、红花、曼陀罗、尾穗苋和月见草种子室内测定发芽率和田间测定出苗率比较发现，除月见草外，其余4种药材种子在田间出苗能力，可直接或间接地用室内发芽能力来估计。中药材种子休眠情况较多，发芽试验中，发芽前处理对发芽率影响较大。对甘草种子，陈瑛采用砂纸摩擦后浸泡，李先恩等用硫酸处理以提高发芽率。王宏霞等对藏药波棱瓜种子用青霉素和聚乙二醇处理以打破休眠，促进发芽。刘宇等对膜荚黄芪采用聚乙二醇处理，以提高种子发芽率。董青松等对广金钱草发芽前处理发现，浓硫酸腐蚀种皮后发芽效果最好。赤霉素在中药材种子发芽试验中应用较多，如独活、紫苏、川党种子处理。肖苏萍等对掌叶大黄、唐古特大黄、药用大黄考察激素对发芽率的影响表明，KT对其发芽促进作用较好。彭国平等对白鲜种子去外皮后采用 GA 浸种，建立白鲜种子发芽试验条件。中药材种子附属物对发芽率也存在影响。中药材种子发芽率受营养成分含量影响，马宏亮等研究表明，丹参陈种子发芽率低与其营养成分含量低有关。

2. 生活力与活力测定

中药材种子生活力测定主要采用 TTC 法。如刘千等对川牛膝种子活力测定比较了红墨水法、溴麝香草酚蓝（BTB）法、四唑（TTC）法，确定以 0.1% TTC 溶液染色 3 小时作为快速测定川牛膝种子生活力的方法。田义新等对薏苡、红花、曼陀罗、尾穗苋和月见草种子，采用 TTC 或 BTB 法快速测定生活力。郭巧生等采用 TTC 法和红墨水法测定桔梗种子活力。相对电导率法在夏枯草种子活力测定得到应用。

3. 真实性测定

中药材种子真实性测定主要采用形态鉴定法，借助解剖镜、光学显微镜和电子显微镜等工具观察种子外观，测定大小。如肖苏萍等对掌叶大黄、唐古特大黄、药用大黄种子长度、宽度测量，并描述其外观形状及 3 种大黄差异，以资鉴别。彭励等通过解剖镜观察对银柴胡种子描述形态结构特点。蒙古黄芪、膜荚黄芪、播娘蒿、黄芩种子用电子显微镜观察所得种皮、种脐、萌发孔亚显微特征可做鉴别依据。种子真实性检查中也借助光谱方法鉴别，闫冲等用紫外吸收法据吸收峰的数目和位置差异建立蒙古黄芪和膜荚黄芪种子的真实性测定方法。沈亮等利用红外光谱结合系统聚类和 SIMCA 模式识别法实现羌活和宽叶羌活种子真实性鉴别。生化标记方法在红景天药材种子真实性鉴别中得到应用。王强利用生化标记方法研究表明，红景天种子醇溶蛋白经 RP-HPLC 分离后产生的色谱图，可以作为种鉴定的一种有效方法。

（三）种子质量分级方法

中药材种子质量分级主要参考农作物种子或林木种子分级方法，按照质量要求项进行测量，以测得结果直接分级，如北当归和沙参等种子。在中药材种子分级中还基于测定检查项值，兼顾各检查项间的主次关系，如桔梗和川牛膝等种子。在中药材种子质量分级中，郭巧生等在测定检查项值的基础上，结合其生物学特性和霉变防治，将种子质量综合分为 3 级。高晓娟等对王不留行种子先筛分为大中小种子，再测定检查项值，建立 3 级分级标准。孙志蓉等用方孔标准检验筛将种子按粒径大小分级，经测定，结合田间育苗试验，将可播种的黄芩种子分为 2 个等级。在质量分级中，常采用统计分析的方法，孙群等用标准差法对乌拉尔甘草种子质量分为 4 级。聚类分析也是一种常用于种子质量分级的统计方法，车前草、远志、川续断等种子质量分级都用到了聚类分析方法。

1. 根及根茎类中药材种子分级标准

曾桂萍等对不同产地白术种子的净度、千粒重、含水量、生活力、发芽率、霉烂率等质量指标进行了测定，并据此将白术种子分为 4 个级别，初步制定出白术种子的品质检验与质量分级标准。邵金凤等对所收集的 48 份不同产地川牛膝种子进行发芽率、千粒重、生活力、净度和含水量等指标的测定，利用聚类分析的数学分级原理，将川牛膝种子分为 3 个等级，其中发芽率和千粒重作为分级的主要指标，生活力次之，净度和含水量是质量分级的参考指标。为制定川续断种子的质量分级标准，张雪等对采自湖南、湖北、重庆、云南等川续断主产区的共计 64 份样品进行千粒重、含水量、发芽率、生活力、单粒大小、净度等指标的测定和外观形态的观察，通过聚类分析将川续断种子分为 3 个级别。除此之外多年来依据《农作物种子检验规程》（GB/T 3543—1995）。通过对种子系列指标的测定，对知母、何首乌、三七、防风等根及根茎类中药材的种子质量进行了检测分析，初步建立了药材种子质量检验方法，为其地方标准乃至国家标准的制定提供了重要参考。

2. 果实种子类中药材种子分级标准

以《农作物种子检验规程》（GB/T 3543—1995）国家标准为依据，对种子净度、千粒重、含水量、生活力、发芽率等指标进行测定，采用均值聚类分析法对各项指标数据进行分析处理，分别建立了适合欧李种子、栀子种子、商洛五味子种子及肉豆蔻种子的检验规程，并进行了种子质量分级。其中欧李种子、栀子种子、商洛五味子种子均分为 3 个等级，而肉豆蔻种子分为 2 个等级。赵艳等对山西省来自 16 个产地的连翘种子，以净度、500粒重、含水率、发芽率、种子活力为指标，初步确定了连翘种子三级质量标准，5 项指标中以发芽率、500 粒重作为主要分级依据。孙林霞等在阳春砂药材道地产区及主产区收集了 31 份样品，经千粒重、含水量、生活力和发芽率 4 项指标测定，发现发芽率、千粒重及生活力差异最为明显，据此将阳春砂种子质量分为 3 类。

3. 其他类中药材种子分级标准

除上述两大类，中药材种子质量分级的研究还涉及花类、茎木类、皮类、全草及叶类。赵东岳等通过测定不同产地金莲花种子净度、千粒重、含水率发芽情况等指标，观察种子的外部特征，利用 SPSS12.0 软件中的均值聚类分析方法，最终将 50 份金莲花种子划分为 3 个等级，其中 I 级 18 份（36%），II 级 12 份（24%），III 级 20 份（40%）。孟慧等对采自海南白木香主产区36 个批次的白木香种子样本进行分选，测定净度、千粒重、含水量、生活力、发芽率等指标，将白木香种子分为 2 个等级，其中达到 2 级及以上标准的种子认定为合格种子。刘琰璐等通过对芸香科药用植物黄檗种子扦样、净度、千粒重、含水量、生活力、发芽率等指标的研究，对 62 个来源的黄檗种子进行检验，建立了检验规程，将黄檗种子分为 3 个等级。

二、种苗质量分级标准

对中药材种苗质量进行分级包括两部分内容：即先对移栽前的种苗进行单株株高、叶长、根长、叶片数、单株鲜重等指标的聚类分析，再对种苗移栽后生物量增加、化学成分变化等试验进行监测评定，从而对该中药材种苗进行等级划分并制定分级标准。与中药材种子相比，中药材种苗质量分级的研究较少。目前仅人参种苗具有国家标准，当归、党参、黄芩、秦艽、羌活具有地方标准。现有已报道的研究中，根及根茎类中药材如掌叶大黄、甘草、岗梅、知母、丹参、块根紫金牛等，全草及叶类中药材如艾纳香、返魂草、广金钱草、车前等，以及花类中药材菊花均开展了种苗质量分级标准的研究，而其他类中药材未见相关报道。

（一）根及根茎类中药材种苗

李增轩在测定根粗、根长、单根重和侧根数等 4 个指标基础上，采用均值聚类分析法，将掌叶大黄种苗分为 3 个等级。于福来等以根长、芦头为分级指标，采用标准差法并结合生产实践对甘草种苗进行分级，进一步通过田间栽培比较试验对划分的等级进行验证，最终将甘草分为 3 级。李俊仁等测量 1 年生岗梅种子实生苗的株高、株径、根长等参数，分别通过种苗参数均值聚类、种苗参数主成分分析——评价因子均值聚类以及种苗参数标准差等方法进行分级获得分级标准，以不同级别存活苗分布情况来评价 3 种质量分级方法，综合分析发现种苗参数均值聚类分析法是最符合实际生产需求的、分级方法，该方法将岗梅分为 3 个等级。于福来等在对知母道地产区一年生种苗的调查与测定基础上，以种球直径和侧根数为分级指标，采用均值聚类分析法初步将知母种苗划分为 3 个等级，随后对不同等级知母种苗移栽后种苗产量和药用成分含量进行监测比较发现：知母种苗等级与产量及有效成分含量呈线性相关，从而验证了该分级法的科学性。张芳芳等对在山东地区收集的 26 份丹参种苗进行初步分析，观察记录其植株高度、地上分支数、花序数目等生长指标参数，并比较收货时各等级丹参的产量，采用 SPSS17.0 分析数据，初步将山东地区丹参种苗划分为 4 个等级。

（二）全草及叶类中药材种苗

张先等以产自贵州艾纳香主产区罗甸、兴义的种苗为材料，以株高、叶长和地径为分级指标，对艾纳香种苗进行分级，并对不同等级种苗移栽后的产量、叶鲜重、艾粉含量进行了监测，最终将艾纳香种苗定为 3 个等级。秦佳梅等以株高、茎基直径、根数为指标将返魂草一年生苗分为 5 个等级，综合栽植后植株生长发育及产量情况，将返魂草种苗分为 3 级。罗登花等通过田间试验，对 28 批广金钱草种苗进行质量研究，通过物理统计方法，将种苗苗长、根长和苗粗作为广金钱草种苗质量分级的指标，制定分级标准，将其分为 3 个等级。

（三）花类中药材种苗

毛鹏飞对药用菊花种苗的株高、地径、根长、全株重、地下部分重、地上部分重和高径比共 7 个形态指标进行检测并进行主成分分析，确定了以地径和苗高作为种苗分级的指标，采用逐步聚类法将药用菊花种苗分为 3 级，并通过种苗栽植后植株生长、药材外观形态和产量的比较验证了这种分级方法。

三、种子种苗管理现状和发展建议

（一）种子种苗管理现状

1. 种子种苗标准管理现状

当前我国主要进行 300 多种药材栽培，主要从 20 世纪 60 年代开展大面积栽培，但很少有关于种子资源鉴别、培训、调查的研究，药材良种选育方法缺乏有效进展，退化品种复壮提纯工作滞后，自然变异类型的品种选育和比较筛选只在少量中药材中实施。原种繁殖和提纯、新品种生产示范和区域试验没有系统开展，满足布局要求的中药材品种区域试验网也没有设立，中药材省级、国家种审定两级审定制度也没有设立，基本上没有进行两种繁育技术的研究。普遍由分散农户个体进行中药材种子生产，药材种子附属于药材生产，专业化两种繁育基地和中药材良种繁育技术也没有建立。中药材种子缺乏规范、良好的包装，中药材种子经营许可制度和生产许可制度也没有实行。缺乏健全的中药材种子市场流通体系，多数种子用于农户自种或农户流动，没有正规渠道流入到市场中，个体商贩为主要经营者，并且存在无序、分散等问题。中药材种植、栽培为农业生产的一部分，所以应当依据农业模式进行药材种子管理。基于药材种苗市场混乱现状，应当以农作物模式为依据，制定中药材种子国家标准进行，构建国家药材种子库。应当将病虫害、发芽率、发芽势、生活力、含水量、千粒重、净度、纯度纳入药材种子标准中，其中有4个指标最重要，分别是发芽率、含水量、净度、纯度，应当将其列为强制执行标准。实际中具有存在较多中药材品种，可将一些大宗常用道地药材作为着手点，制定国家标准和地方标准。当前中药材种子种苗管理体系尚未形成，中药材种子种苗管理体系中良种示范推广体系、种子质量认证体系、种子质量管理体系、种子质量管理法律法规体系还有待完善，致使中药材种子种苗质量管理工作难以有效开展，并在很大程度上抑制了中药材种子种苗质量的提升与新品种选育。

2. 种子种苗标准现状

当前农作物种子通常具备企业标准、地方标准、国家标准，而在中药材方面只针对几个中药材品种（黄芪、人参、甘草）设立了国家标准，其余几百种中药材的相关标准仍没有设立。在缺乏有效药材质量标准的情况下，药材种子种苗市场极易出现混乱。假冒伪劣种子在市场中泛滥的情况下，大宗、道地药材质量就难以提升，不仅会对竞争力造成影响，还会威胁人民用药的有效性和安全性，对国内外市场中药材声誉产生影响。中药材相同植物种存在不同的种子性状，具体包括种子形状、千粒重等，有三点原因能够引起药材种子性状差异，第一是药农提早采收种子，使得种子成熟度不合格；第二是在人为因素和自然条件作用下同类药材的多种品种逐渐形成，例如板蓝根栽培品种由小叶板蓝根、普通板蓝根、四倍体板蓝根构成；第三是中药材品种整齐度不高，生产上药材种子具有不一致的性状。所以应当强化中药材种子种苗质量标准基础研究，并制定各类药材种子质量标准，强化市场监管力度，严格管控伪劣种子传播和较易进行，使得药材种子质量低劣问题得到根本性解决。

3. 种子种苗发展现状

20 世纪末中华人民共和国国家中医药管理局成立，生产流通司负责中药材生产管理，计划财务司统计处负责统计，生产则由药材公司主导。在机构调整后，国家经贸委负责医药产业，之后又变更为国家发改委管理，药监局则负责质量监管。但依据《种子法》规定，林业、农业行政主管部门分别进行全国林木种子、农作物种子工作，林业、农业行政主管部门制定种子质量管理方法和行业标准（种子贮藏、检验、包装、加工、生产），种子质量监督由林业、农业行政主管部门进行。而药材种子种苗管理中缺乏正规渠道和专门经营种子机构，所以质量难以获得有效保障。

4. 种子种苗市场情况

当前，主要存在 3 个药材种子来源渠道：首先是 17 个由国家批准的药材专业市场，包括河北安国成都荷花池、安徽亳州等销售药材种子的商店；其次为地方农贸市场；最后为药材基地生产者。实际中药材质量主要取决于药材种子种苗，发展优质中药材以此为前提。药材种子价格会受到市场的较大影响，有时价格相差十几倍，在市场中缺少某种药材种子的情况下，部分经营者就会在种子中掺入假种子或旧种子，这样就会出现种子质量严重下降。参陈旧种子方面，例如继续出售储存超过 1 年的北沙参、当归等药材种子，或者在新种子中掺入陈种子，亦或是出售经过加工的陈种子（用硫黄熏白芷陈种子，用鞋油为桔梗种子上色）。销售假种子方面，利用唇形科植物石蚕种子冒充冬虫夏草种子，利用水仙、石蒜鳞茎冒充西红花茎，利用马齿苋科食物卢兰种子冒充人参种子。还有部分经营者在真种子中掺入相像的假种子，例如，在黄芪种子中掺入沙苑子种子。实际中还存在利用劣质种混充培育种，一些药材种株在采种前需要经过培训，普通植物的种子质量不符合要求，所以不能用作种植的种子。例如，实际生产的怀牛膝种子为 2 年培育植物的结实种子，但一些经营者在好种子中掺入一年生籽。依据发芽率、净度等农作物种子标准，当前有 50% 市场流通种子不符合标准。当前多数药材种子通过野生采集获得，同时由于长期间反复应用，种子质量大大降低。在中国医学科学院针对北方地区开展种子质量现状调查中，共对 36 种中药材 778 批次进行了检测，种子平均具有 54% 生活力。生活力低于 20% 的种子比例为 16.2%。当年生荆芥、紫苏、小茴香仅具有 70% 发芽率，多年生甘草、黄芪仅具有 60% 发芽率，野生黄芪、防风仅具有 40%~50% 发芽率。长期存在药材种子质量低劣问题，会严重影响广大种植户的利益，实践中应当对市场监管进行强化，从根本上得到解决药材种子质量低劣问题。

（二）中药材种子种苗发展建议

1. 强化中药材新品种选育研究

促进中药良种工程，实施中药产业发展的重要瓶颈之一就是新品种选育，实际中应当对新品种选育进行强化，这样能够推动品牌的创建、竞争力提升。在中药材新品种选育方面：一是应当对中药材良种选育基础研究进行强化，积极开展中药材资源创新、利用、评价、保护、收集工作，实现国家和地方中药材种质资源圃的构建；以中药材生产地道性原则和市场需求为依据，尽早确定各道地药材，其中大宗中药材良种鉴定技术、选育方法为重点，突出中药良种创新中科技的重要作用。二是应当充分考虑我国重要良种实际情况，推动新品种选育的开展。坚持"以选为主，以育为辅，选育结合"的策略，在推广的同时进行研究储备，为专业化和集约化中药材种子种苗生产基地建设提供支持，进而推动中药材种子生产专业化和良种化，改变种子生产流通、良种选育落后状况。三是构建区域试验基地，普及良种推广进行。建设较大试验和示范基地是中药材新品种推广和引进的重要前提，相关部门应当以自然区划、中药材生态特征、中药材地理特征为依据，建设国家级、省级、实际中药材区域试验基地，通过中药材良种生产基地有效连接品种区域试验、审定、示范、繁殖、推广等环节，强化品种选育、引种驯化、审定推广、区域试验进行，促进中药材良种覆盖率的提升。四是积极开展中药材新品种保护制度建设。当前我国还缺少专门的中药材管理办法或条件，也不存在明确的管理机构；在认定或审定中药材新品种方面，相应的办法和组织还没有形成；中药材新品种审定虽然在一些省市已经开展，但具有较大随意性，标准不够明确；中药材种子种苗生产许可制度和抽检制度还没有形成。所以，完善对中药材新品种保护法规体系，为中药材育种者合法权益提供保障，促进中药材新品种培训的有序开展。

2. 规范中药材种子种苗质量管理体系

当前还没有形成中药材种子种苗质量管理体系，由于药材生产具有一定特殊性，应当建立健全中药材种子种苗管理办法或条例，并成立专门药材种子认证和管理部门，积极建设种子质量认证和检测体系，构建负责质量仲裁、监督的种子种苗质量监督检测中心。还应当构建中药材种子种苗省级区域试验网络、审定体系，贯彻药材种子种苗经营和生产准入制度，严格监管种子质量。同时在种子种苗销售过程中，中药材种子种苗经销商应当将《质量信誉卡》《中药材种子种苗质量合格证》主动提供给购买人，并建立健全宏观管理系统。进一步强化宏观监督和调控投入，为中药材种子种苗流通和生产的有序进行提供保证。

3. 制定和实施中药材种子种苗标准

规范中药材种子种苗生产，实际中只有实现了中药材种子种苗标准化，才能够实现中药现代化。当前我国还缺乏坚实的中药材种子种苗标准化基础，中药材种子种苗标准化工作难以跟上发展步伐，严重制约中药现代化推进。中药材种子标准化是指通过总结科学实验和生产实践经验，针对中药材种子特征特性和优良品种、种子生产加工、种子质量检验方法、种子贮存、运输、包装进行明确规定，并制定一系列可行技术标准，为管理、使用、生产提供有效指导，具体有良种种子生产技术规程、良种标准、种子良繁标准、种子质量分级标准、种子检验规程或标准等。由于当前缺乏有效中药材种子管理监督，建议在农业种子种苗监管体系中纳入中药材种子种苗，对宏观执法、监督、调控力度进行强化，为中药材种子流通质量提供保证。同时还应当制定专门的中药材种子经营、生产管理调理，明确有关部门职责。另外，还应当以药材种子繁育企业为核心，构建中药材种子育、繁、推、销一体化服务实体，并完善国家级种子信息服务网络，为中药材种子健康流动渠道形成提供助力。

第六章　中药材栽培技术

第一节　中药材平衡施肥技术

近 30 年来，由于化肥、农药的长期大量使用，破坏了农田生态环境，严重污染了农作物赖以生存的土壤和水，导致农作物产量和品质逐年下降，食品安全受到严重影响。在我国中药材生产中普遍存在着偏施、滥施化肥；重视氮肥、轻视钾肥；忽视微肥、忽略中量元素肥料。以及施肥方法和施肥时期不当，致使肥料施用严重失衡，化肥利用率逐年降低，相对生产成本增高，农业生产出现增产不增收的现象。同时也致使土壤板结、通透性差，作物病虫害发生频率高，产品质量差，出口不达标等问题。因此，国家在"十一五"期间，提出发展高效、优质、安全、绿色的现代生态农业新理念，在 2014 年中共中央国务院一号文件（简称中央一号文件，全书同）中首次提出"一控、二减、三基本"农业发展新方针，主要精神是减少农药和化肥的使用量、减少肥料浪费及其对农业环境的污染，保障农作物和食品安全。由于中药材对无污染、健康安全和质量稳定的要求甚为严格，在中药材规范化种植过程中合理施肥变得尤为重要。

一、平衡施肥及其意义

（一）平衡施肥的含义

平衡施肥技术，就是测土配方施肥，国际上通称平衡施肥，是以土壤测试和肥料田间试验为基础，根据作物需肥规律、土壤供肥性能与肥料效应，在合理施用有机肥料的基础上，在产前提出氮、磷、钾及中、微量元素等肥料的施用数量、施肥时间和施肥方法，是我国农业增产的十大措施之一（一般可使农作物增产15%左右）。过去把这项技术叫作测土配方施肥，是从技术方法上命名的。简单概括：一是测土，取土样测定土壤养分含量；二是配方，经过对土壤的养分诊断，按照庄稼需要的营养"开出药方、按方配药"；三是合理施肥，就是在农业科技人员指导下科学施用配方肥。这种命名方法通俗易懂、一目了然。"测报施肥""诊断施肥""氮磷钾合理配比"等施肥技术均属于平衡施肥范畴。

平衡施肥技术是随着我国农业发展而发展的一项新型技术，农业部于1983年首次提出。它的核心是调节和解决作物需肥与土壤供肥之间的矛盾，实现农作物的所有植株，都能够按一定比例、数量，合理地吸收其健壮生长所需要的各种养分。并且有针对性地补充作物所需的营养元素，作物缺什么元素就补充什么元素，需要多少补多少，实现各种养分平衡供应，满足作物的需要。同时也意味着作物从土壤中获取的养分与通过施肥等形式返还给土壤的养分保持均衡，使作物高产，土壤又不枯竭。

实施平衡施肥，要重视发展化肥工业，调整氮、磷、钾的生产和施用比例，提高磷、钾化肥比重；广辟有机肥源，增加有机肥投入量，并把有机肥料的制造、利用与环境保护结合起来；建立肥力和肥料效应定位观测点，研究肥料后效、肥料合理结构和主要轮作制中肥料的合理分配，以及免耕、少耕栽培中的肥料施用技术。

（二）平衡施肥的步骤

平衡施肥就是根据作物的需肥特点、土壤养分含量状况以及目标产量要求，将有机肥、氮磷钾和中微量元素按照科学的比例和数量选择最佳施肥方式，补充给作物。主要包含以下步骤（图6-1）：

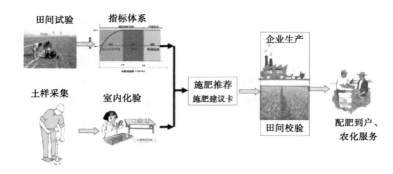

图 6-1　测土配方施肥技术流程

1. 土样采集

土样采集一般应在秋后进行。按水田、旱田等不同土壤类型采集有代表性的土壤。如果取样不准，就从根本上失去了平衡施肥的科学性。取样深度一般在 20cm，取样一般以 50～100 亩为一个面积单位。如果地块面积较大、肥力相近，取样面积可以放大到 200 亩。按 "S"（蛇形）或 "X"（对角线形）采集土样，首先去掉土壤覆盖物，然后按标准深度挖成剖面，均匀取土。避开路边、水渠、施肥沟、穴、基肥堆底等特殊点，采集土样 5～28 个点。土样混匀后用四分法逐渐减少样品数量，最后保留 1kg 装入布袋内待检。袋的内、外都要放上标签。标明取样地点、日期、采样人及分析的有关内容。

2. 土壤化验

土壤化验就是土壤诊断。内容有碱解氮，速效磷、速效钾、有机质和 pH 值。土壤化验必须准确、及时。

3. 确定配方

配方选定应由农业专家和专业农业科技人员来完成。首先要由种植户提供地块种植何种作物，以及规划的产量指标。技术人员再根据作物需肥量、土壤的供肥量以及不同肥料的当季利用率，选定肥料配比和施用量。

4. 加工配方肥

配方肥料生产要求有严密的组织和系统化的服务。

5. 按方购肥

避免"只测土不配方，只配方又不按配方买肥"的现象，否则土样就白检测了。

6. 科学施肥

配方肥料大多数是作为底肥一次性施用。要掌握好施肥深度，控制好肥料与种子的距离。根据经验，侧深施肥的方法效果非常好，它既能有效满足作物苗期和生长期的需要，也确保了作物后期需肥的需要。

7. 田间监测

平衡施肥是一个动态管理的过程。使用后，要跟踪观察作物生长发育的全过程，做出调查监测详细记录，纳入地理管理档案，及时反馈到专家和技术咨询系统，作为调整修订配方的重要依据。

8. 修订配方

平衡施肥测土一般每3年进行一次。修订肥料配方，使平衡施肥的技术措施更切合实际，更具有科学性。这种修改完全符合科学发展的客观规律。每次修订，都是一次深化、一次提高。

上述测土配方平衡施肥之方法，都要在技术人员指导下或要依靠大量的试验资料来确定相关参数后才能应用。对于一家一户小生产模式的农户来说，还有些不适合。但随着专业协会和农民合作社的兴起，平衡施肥技术离他们已是不远了。

（三）平衡施肥的意义

生产实践证明，平衡施肥的推广应用，改变了以往的盲目施肥为定量施肥，同时也改变了单一施肥为以有机肥为基础、氮磷钾等多种元素配合施用，特别是对化肥结构调整起着更重要的作用。目前已由单元素化肥品种，发展为两元素复合肥，及至多元素复合肥和作物专用肥。例如，配方肥（BB肥）或专用肥的科技含量高，施用方便，土壤污染少，深受种植者欢迎。

（1）平衡施肥可以有效提高化肥利用率　目前我国化肥利用率仍比较低，平均利用率在35%左右，比世界发达农业国家低10个百分点左右，提高化肥利用率的潜力很大。

（2）平衡施肥可以降低农业生产成本　进入市场经济以后，特别是由短缺农业转向农产品剩余，出现农产品买方市场以后农业生产发生了历史性转折，即由数量型农业转向以经济效益为中心、以农民增收为目标的效益型农业。这样，如何实现农业节本增效，就是生产中首先要考虑的大问题。搞好平衡施肥，提高用肥的科学水平，是节约农业成本的关键措施。

（3）平衡施肥增产增收效果明显　通过平衡施肥，满足了农作物对各营养元素的需求，使得农作物能够正常地生长发育，从而获得理想的产量和效益。据大量试验、示范得出的结论，在等量肥料投入的情况下，采用平衡施肥技术，一般可增产10%左右。

（4）平衡施肥有利于农产品质量　我国加入WTO以后，农业受到冲击非常大，主要原因就是我们的农产品质量较差。质量差的原因较多，如品种、自然条件等，肥料施用不合理也是其中一个主要原因。平衡施肥既满足了农作物对营养元素的需求，使之正常发育，完全成熟，提高了农产品的质量，又没有剩余，避免了肥料浪费，减少土壤环境污染。

二、平衡施肥的基本原理

配方施肥科学合理，就是因为它能够充分发挥其增产、增质、培肥地力的作用。如果施肥配方不合理，不仅经济效益低下，还会对土壤带来不良影响。因此，配方施肥必须有理论指导，养分归还学说、最小养分律、同等重要不可代替律、报酬递减律、因子综合作用律等五大规律，至今仍然是指导平衡施肥的基本原理。

（一）养分归还学说

作物生长是要从土壤中吸收养分的，通常农作物产量形成有40%~80%的养分来自土壤。要保证土壤足够的养分供给，必须依靠施肥，把被农作物吸收带走的养分"归还"给土壤，确保土壤肥力。

养分归还学说也叫养分补偿学说。是19世纪德国化学家李比希提出的，他是第一个试图用化学测试手段探索土壤养分的科学家。主要论点是：作物从土壤中吸收带走养分，使土壤中的养分越来越少。因此，要恢复地力，就必须向土壤施加养分。而且他还提出了"矿质养分"原理，首先确定了氮、磷、钾3种元素是作物普遍需要而土壤不足的养分。

（二）最小养分律

这也是李比希在试验的基础上最早提出的。他说"某种元素的完全缺少或含量不足可能阻碍其他养分的功效，甚至减少其他养分的作用"。最小养分律是指作物产量的高低受作物最敏感缺乏养分制约，在一定程序上产量随这种养分的增减而变化。它的中心意思是：植物生长发育吸收各种养分，但是决定植物产量的却是土壤中那个相对含量最小的养分。为了更好地理解最小养分律的含义，人们常以木制水桶加以图解（图6-2），贮水桶是由多个木板组成，每一个木板代表着作物生长发育所需一种养分，当由一个木板（养分）比较低时，那么其贮水量（产量）也只有贮到与最低木板的刻度。目前，氮、磷、钾是主要的限制因子，这也是经常施用氮、磷、钾肥料的主要原因。

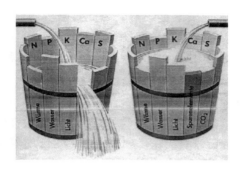

图 6-2　最小养分示意

（三）同等重要不可代替律

植物必需的元素是植物正常生长发育所必需，且不能用其他元素所代替的一些元素。按其需要量的多少可分为大量元素及微量元素两类。前者包括碳（C）、氢（H）、氧（O）、氮（N）、磷（P）、钾（K）、钙（Ca）、镁（Mg）和硫（S），后者包括铁（Fe）、锰（Mn）、铜（Cu）、锌（Zn）、硼（B）、钼（Mo）和氯（Cl）。植物对大量元素的需要量相对高于微量元素。在生理作用上同等重要，没有先后主次之分，哪种元素缺乏都会影响产量。二者对植物生命活动各有其重要功能，任何一种元素缺乏时都会引起植物代谢失常，各种元素间不可以相互代替。例如缺钾，多施氮和磷是没有用的。

碳、氢、氧是细胞的结构物质（多糖和木质素）的组分，也是角质层的组分，它们构成了细胞的"骨架"。习惯上不将碳、氢、氧列入矿质养分的研究范围。

（四）报酬递减律

报酬递减律最早是作为经济法则提出来的。其内涵是：在其他技术条件（如灌溉、品种、耕作等）相对稳定的前提下，随着施肥量的逐渐增加，作物产量也随着增加。当施肥量超过一定限度后，再增加施肥量，反而还会造成农作物减产，单位报酬降低，甚至出现亏损（图6-3）。

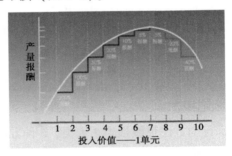

图6-3　报酬递减

通常肥料用量与作物产量之间的关系不是直线关系，而是一条抛物线的关系（图6-4）。就是说施肥与产量不是成正比例的。由于农业生产在短期内条件变化不大，施肥的报酬递减现象更值得重视。

（五）因子综合作用规律

作物产量的形成是各种因子（如水分、养分、光照、温度、品种等）综合作用的结果。这充分说明了施肥要在灌水、中耕、病虫草害防除等综合措施的配合下，才能达到最理想的效果。

据统计，作物增产措施中施肥占32%，品种占17%，灌溉2%，机械化占13%，其他占10%，因此平衡施肥应与其他高产栽培措施紧密结合，才能发挥出应有的增产效益。在肥料养分之间，也应该相互配合施用，这样才能产生养分之间的综合促进

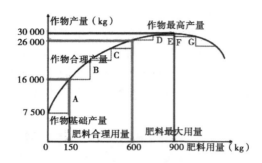

图 6-4　施肥量与产量的关系

作用。

三、平衡施肥技术

目前全国推行的方法可概括为 3 大类，6 种方法。

（一）地力分级（区）配方法

该法是将田块按肥力高低分成若干等级，或划出一片肥力基本均等的田片为一个配方区，根据土壤普查和肥料试验成果，结合群众实践经验，估算出这一配方区内比较适宜的肥料种类及施肥量的方法。

1. 划定配方区

按自然条件、土壤类型、行政区域等属性把土地划分为若干个区或片，以区或片作为配方施肥土地面积的第一个级别。例如：可把一个或几个行政村为一个区；可把同一条支渠覆盖的灌溉面积分为一个区；可把同处塬区或盆地的土地划为一个区；可把同一种栽培种用方式的土地划为一个区。

2. 划分地力等级

在划定的配方大区内，根据地力的高低进一步把土地划分成若干等级，把肥力基本均等的地块作为一个具体的配方区（小区）。

地力划分标准通常以空白产量或常年产量为准。空白产量反映了不施肥时，一定品种、环境等综合因素作用下土壤的生产力。但不同土壤肥力的空白产量需要通过多点试验才可取得，应用时有一定难度。所以，通常用常年产量为地力衡量的标准，应用起来比较方便，也有一定的准确性。

3. 估算施肥量

地力分级后，参考过去肥料试验资料和当地农民的生产经验进行肥料定性定量，估算出某一级别地力区比较适宜的肥料种类和用量。例如可分别确定出高、中、低田块分别应施用那种 N、P、K 肥，施用量是多少等。

（二）目标产量养分平衡法

1. 基本原理与计算方法

根据作物目标产量需肥量与土壤供肥量之差估算施肥量，计算公式为：

$$施肥量 = \frac{目标产量所需养分总量 - 土壤供肥量}{肥料中养分含量 \times 肥料当季利用率}$$

养分平衡法涉及目标产量、作物需肥量、土壤供肥量、肥料利用率和肥料中有效养分含量五大参数。土壤供肥量即为《测土配方施肥技术规范》中"3414"方案处理 1 的作物养分吸收量。目标产量确定后因土壤供肥量的确定方法不同，形成了地力差减法和土壤有效养分校正系数法两种。

地力差减法是根据作物目标产量与基础产量之差来计算施肥量的一种方法。其计算公式为：

$$施肥量 = \frac{(目标产量 - 基础产量) \times 单位经济产量养分吸收量}{肥料中养分含量 \times 肥料利用率}$$

基础产量即为"3414"方案中处理 1 的产量。

土壤有效养分校正系数法是通过测定土壤有效养分含量来计

算施肥量。其计算公式为：

$$施肥量 = \frac{作物单位产量养分吸收量×目标产量-土壤测试值×0.15×土壤有效养分校正系数}{肥料中养分含量×肥料利用率}$$

2. 有关参数的确定

（1）目标产量　目标产量可采用平均单产法来确定。平均单产法是利用施肥区前 3 年平均单产和年递增率为基础确定目标产量，其计算公式是：

目标产量（kg/亩）=（1+递增率）×前 3 年平均单产（kg/亩）

一般作物的递增率为 10%~15%为宜。

（2）作物需肥量　通过对正常成熟的农作物全株养分的分析，测定各种作物百千克经济产量所需养分量，乘以目标常量即可获得作物需肥量。

$$作物目标产量所需养分量（kg）= \frac{目标产量（kg）}{100}×百千克$$

产量所需养分量（kg）

（3）土壤供肥量　土壤供肥量可以通过测定基础产量、土壤有效养分校正系数两种方法估算：

通过基础产量估算（处理 1 产量）：不施肥区作物所吸收的养分量作为土壤供肥量。

通过土壤有效养分校正系数估算：将土壤有效养分测定值乘一个校正系数，以表达土壤"真实"供肥量。该系数称为土壤有效养分校正系数。

$$土壤有效养分校正系数（\%）= \frac{缺素区作物地上部分吸收该元素量（kg/亩）}{该元素土壤测定值（mg/kg）×0.15}$$

$$土壤供肥量（kg）= \frac{不施养分区农作物产量（kg）}{100}×百千克产量所需养分量（kg）$$

（4）肥料利用率　一般通过差减法来计算：利用施肥区作物吸收的养分量减去不施肥区农作物吸收的养分量，其差值视为肥料供应的养分量，再除以所用肥料养分量就是肥料利用率。

上述公式以计算氮肥利用率为例来进一步说明。

施肥区（NPK 区）农作物吸收养分量（kg/亩）："3414"方案中处理 6 的作物总吸氮量；

缺氮区（PK 区）农作物吸收养分量（kg/亩）："3414"方案中处理 2 的作物总吸氮量；

肥料施用量（kg/亩）：施用的氮肥肥料用量；

肥料中养分含量（%）：施用的氮肥肥料所标明的含氮量。

如果同时使用了不同品种的氮肥，应计算所用的不同氮肥品种的总氮量。

（5）肥料养分含量　供施肥料包括无机肥料与有机肥料。无机肥料、商品有机肥料含量按其标明量，不明养分含量的有机肥料养分含量可参照当地不同类型有机肥养分平均含量获得。

（三）肥料效应函数法

肥料效应函数法又分为 3 种方法：

1. 肥料效应函数法

设计一元或多元肥料的施肥量或配比方案进行田间试验，据产量（Y）和施肥量（X）配出效应方程式，即可计算出各种肥料的最高产量施肥量、最佳施肥量和最大利润施肥量。如果是多元肥料试验，还可算出肥料间的最佳配比组合。

$$y = a + bx + cx^2$$

2. 养分丰缺指标法

利用土壤养分含量和作物吸收量及产量之间存在的相关性，在不同土壤上对不同作物进行田间试验，把土壤养分测定值划分为若干等级，制定养分丰缺等级及应施肥料检索表。在取得土壤测定值后，对照检索表确定施肥量。

（1）等级划分　划分等级时，在不同养分测得值的田块安排试验，如 N、P、K 相对产量确定时，可安排 NPK、NP、PK、NK 四个处理，取得全肥区和缺素区的成对产量后计算相对产量：

K 的相对产量（%）＝（NP 区产量／NPK 区产量）×100

分级标准以相对产量为标准：<50%极缺，50%～75%缺，75%～85%中，85%～95%丰，>95%极丰。

（2）施肥建议　在确定的养分丰缺指标范围内，分别进行多点施肥量试验，拟合肥料效应回归方程，求得各丰缺等级内的最高与经济最佳施肥量，以经济最佳施肥量为标准制定出施肥量检索表。

以施肥量检索表为依据，从土壤养分测定值查出各肥料的建议施用量。

3. 氮、磷、钾比例法

通过试验得出不同作物在不同土壤上 N、P、K 用量的适宜比例，然后通过对一种养分的定量，再按作物吸收各种养分的比例关系来确定其他养分用量的做法。其程序是：

（1）田间试验确定 N、P、K 的施用比例（作物对养分需求比例）；

（2）用目标产量法等确定需 N 量；

（3）按作物养分需求比例确定 P、K 等用量。

四、平衡施肥技术在中药材生产中的应用

肥料是中药材高产的物质基础。为了实现中药材规范化生产，必须在施用有机肥料的基础上，合理施用化学肥料，并使化学肥料的生产和施用向浓缩、复合、长效方向发展。同时，在中药材施肥方面要尽量采用平衡施肥方法，根据不同土壤、不同作物生长发育阶段的需要，合理施肥，以达到高产、稳产、优质、低成本的目的。

（一）中药材种植对土壤的要求

土壤是植物生长繁育的基地，土壤质地、营养、水分、酸碱度、土壤空气及土壤微生物等均影响土壤肥力及中药材生长发育和产量品质，土壤污染程度也是中药材品质好坏的重要影响因素。另外，种植中药材选择土壤地块重点关注四个指标。

1. 土壤质地

（1）沙土　沙粒含量在50%以上，土壤通气性、透水性好，但保水能力差，土壤温度变化剧烈，对热的缓冲能力差，所以易干旱。如河滩、季节性河床等。此类土壤适宜种植耐旱的中药材，如甘草、防风等。

（2）黏土　土壤结构致密，保水保肥能力强，通气、透水性差，但供给养分慢，土壤耕性差，耕作阻力大，不利于根系生长。有些中药材一般生长周期较长，不能每年进行耕翻，同一般农作物相比，对多数中药材更不适宜。品种也只能选择以植株、花朵、叶子、果实入药的品种。如紫苏、蒲公英、枸杞等。

（3）壤土（两合土）　土壤各种颗粒的粗细比例适度，沙粒、黏粒适宜，兼有沙土和黏土的优点，是多数中药材栽培最理想的土壤类型。特别是以根、根茎、鳞茎做药的植物最为合适。适于沙土种植的中药材在此类土壤中也能更好地生长。

2. 有机质含量

有机质对植物生长具有以下作用：一是所含营养成分较为全面，含有较多的大量元素和丰富的微量元素，是植物营养的主要来源。二是腐殖质是良好的胶结剂，能促进土壤团粒结构的形成。三是腐殖质可提高保水保肥能力。四是腐殖质为黑色，容易吸收光能，提高土温。五是有机质可以使土壤保持较好的水、肥、气、热条件，这是植物生长所需的最佳环境。因此，中药材种植宜选择有机质含量较高的土壤。

3. 土壤 pH 值

酸碱度（pH 值）小于 6.5 的为酸性土壤，6.5~7.5 为中性土壤，大于 7.5 为碱性土壤。不同的酸碱度影响着土壤微生物的活动和土壤中化学元素的含量，从而影响着植物的生长和发育。对中药材种植来讲，酸碱度中性土壤最好。

大多数植物在 pH 值大于 9.0 或小于 2.5 的情况下都难以生长。对于北方碱性土壤，通常每亩可用 15~25kg 石膏（硫酸钙）作为基肥施入改良。土壤碱性过高时，可加少量硫酸铝（施用需补充磷肥）、硫酸亚铁（见效快，但作用时间不长，需经常施用）、硫黄粉（见效慢，但效果最持久）、腐殖酸肥等改良，具体用量根据酸碱度确定。常浇一些硫酸亚铁或硫酸铝的稀释水，增加土壤酸性。腐殖酸肥因含有较多的腐殖质，能较安全的调整土壤酸碱度。

4. 避免重茬

栽培某一作物后，土壤的容重、有机质、营养元素比例、作物在土壤中的分泌物以及影响下茬作物生长的病原物等均发生改变，这对下茬作物的生长具有重要影响。

（二）不同土质适宜种植的中药材品种

1. 荒山秃岭

适宜在荒山秃岭种植的药材种类很多，主要品种有：蒲公英、葛根、黄芪、甘草、玉竹、菊花、山豆根、牛膝、黄芩、徐长卿、防风、远志、山茱萸、吴茱萸、连翘、马兜铃、酸枣仁、金银花、枸杞、荆芥、刺五加、紫草、穿山龙、土贝母等。

2. 盐碱沙地

盐碱沙地中只要土壤含盐量在 0.5% 以下，适当增施有机肥，加强水肥管理和田间管理，同样可以获得好收成。主要适宜品种有：射干、白术、沙参、甘草、枸杞、金银花、蔓荆子、草红花、水飞蓟、地肤、白茅根、大麻、蓖麻、酸枣、牛蒡子、知母、香附、麻黄、小茴香、红花等。

3. 微酸沙质地

适宜土质微酸、温和、中性沙地的品种主要是：贝母、黄芪、人参、川芎、白术、百合、金樱子、刺五加、远志、芍药、玉竹、紫菀、紫草、穿山龙、小茴香、白扁豆、红花、沉香等。

4. 土质肥沃地

排水良好，疏松、土层较厚、肥沃沙质地适宜种植菊花、防风、桔梗、党参、紫苏、红花、沙参、黄芪、白芨、板蓝根、苍术、黄芩、贝母、玉竹、五味子、决明子、黄柏、地黄、白芷、知母、丹参、白术、车前子、苦丁茶、山药、款冬花等。

5. 干旱地

主要适宜品种有：黄芩、柴胡、远志、射干、花粉、元参、黄芪、红花、牛膝、枸杞、黑故子、胡芦巴、山芝麻等。

6. 黏土地块

适宜的品种有：荆芥、栝楼、薏苡仁、薄荷，藿香、紫苏、决明子、苦丁茶等。

7. 闲散地块

可充分利用城市公园、人行道两旁、单位院内、楼前楼后以及农村的房前屋后、河边地堰、农家庭院等闲散地块，种植中药材，既美化环境，又有经济收入，一举多得。如：牡丹、芍药、菊花、银杏、麦冬、杜仲、花椒、枸杞、牛蒡、车前草、蒲公英、黄芩、合欢、黄柏、金银花、槐树、皂角、玉竹、白扁豆、鸡冠花、女贞子、蓖麻、薄荷、旋覆花、款冬花等。

8. 光少蔽荫地

主要适宜品种有：天南星、太子参、白及、百部、当归、党参、地丁、半枝莲、平贝母等。这些品种喜蔽荫环境，喜温暖，怕畏光，较温润的气候。

9. 土质肥沃不黏

适合菊花、荆芥、紫苏、红花、沙参、黄芪、桔梗、党参、白芷、防风、板蓝根等多数药材。

10. 贫瘠土地

适宜品种有：甘草、枸杞、火麻仁、决明子等。

（三）平衡施肥技术在中药材上的应用

1. 在金银花上的应用

吴朝峰和马雪梅（2018）研究表明，在平衡施肥前提下，实行有机无机肥配施比仅施无机肥和仅施有机肥，金银花产量分别增加9.92%和1.7%，绿原酸分别提高0.63个百分点和0.11个百分点，总黄酮分别提高0.52个百分点和0.08个百分点。

2. 在牡丹上的应用

张利霞等（2018）通过建立模型寻优获得牡丹最高种子产量对应的氮、磷、钾最优施肥组合为氮522.24kg/hm²，五氧化二磷186.40kg/hm²，氧化钾190.92kg/hm²，拟合的种子产量最大值为1 971.43 kg/hm²。氮、磷、钾3种肥料配施能够有效促进牡丹植株新生枝条生长、叶片增大，并促进株高、新梢条数、花直径、花高度与单株花数增加，有效增强植株的生长势。油用牡丹种子产量与氮、磷、钾施肥量的编码值之间存在显著的回归关系，并具有高度相关关系。施肥处理的种子产量显著高于对照，氮、磷、钾三因素、两因素配施对油用牡丹的生长指标和种子产量均具有显著的影响作用，氮、磷、钾肥对种子产量的影响作用大小顺序为钾肥>氮肥>磷肥。

3. 在黄芪上的应用

崔云玲等（2009）研究表明，在甘肃高寒阴湿区采用黄芪高产栽培技术和平衡施肥技术，黄芪产量可超过当地平均产量1.5倍。黄芪获得最高产量的氮磷钾量分别为氮150.0 kg/hm²、五氧化二磷150.0 kg/hm²、氧化钾112.5 kg/hm²，氮磷钾比为1∶1∶0.75，获得最经济产量的氮磷钾比为1∶1∶0.25。黄芪在磷中低水平时减产，在磷高水平（150.0 kg/hm²）时增产效果显著，施磷较不施磷增产16.5%，增收6 499.5元/hm²，每千克五氧化二磷可增产黄芪5.0 kg，产投比为8.3；施钾较不施钾增产10.7%～25.1%，增收3 582.0～9 132.0元/hm²，每千克氧化钾可增产黄芪4.3～20.4 kg，产投比为11.9～60.9。

4. 在当归上的应用

安英（2005）采用二次回归通用旋转组合设计方法，总结提出了经生产实践验证的高寒阴湿区当归高产优质高效的平衡施肥技术措施，每公顷施纯氮255kg，五氧化二磷135kg，氧化钾60kg，比对照增产55.6%，特一等归出成率提高9.2%，当归头出成率提高6.1%，每公顷纯收益达9 791.1元。无麻口病株率提高2.7%。在高寒阴湿地区，纯收益大于12 000元/hm²的当归栽培农艺组合是：栽植密度112 200～132 900株/hm²，施氮量207.15～309.45kg/hm²，施磷量（五氧化二磷）93.45～133.95kg/hm²；施钾量（氧化钾）46.65～133.95kg/hm²。措施中心值是密度124 425株/hm²，施氮253.2kg/hm²，施磷量（五氧化二磷）112.2kg/hm²；施钾量（氧化钾）52.2kg/hm²。氮∶五氧化二磷∶氧化钾约等于1∶0.44∶0.21。在当地农田生态条件下，求得的最高产量密度是10.92万株/hm²，且10.92万株/hm²的处理经济效益最高，效益比最佳。

5. 在柴胡上的应用

朱再标（2005）研究表明，合理施用氮、磷、钾、有机肥是促进柴胡高产优质的重要途径。在大田条件下，柴胡氮、磷、钾元素的吸收量顺序为钾最高，氮次之，磷最少。气候、土壤肥力和产量的差异对柴胡氮、磷、钾元素吸收量有较大影响。经多点试验的结果表明，一年生柴胡每 100 kg 根（干重）平均吸收氮 11.79 kg，五氧化二磷 2.42 kg，氧化钾 14.11 kg，氮：五氧化二磷：氧化钾 为 4.89：1：5.85；两年生柴胡每 100 kg 柴胡根（干重）平均吸收 氮 12.12kg，五氧化二磷 2.75 kg，氧化钾 18.30 kg，氮：五氧化二磷：氧化钾为 4.31：1：6.55。柴胡各生育期氮、磷、钾比例差异较大，在盆栽条件下，第一年拔节期柴胡对氮素的需求较迫切，拔节期末期时氮：五氧化二磷：氧化钾 为 12.26：1：9.90；到第一年休眠时氮：五氧化二磷：氧化钾 为 7.37：1：5.54，对磷素的需求量提高；第二年氮和钾的比例逐步提高，拔节期末期为 9.31：1：10.84，花果期末期为 12.74：1：11.22，到收获时为 13.88：1：11.49。

对柴胡产量和柴胡皂甙 a 含量的影响顺序为氮>有机肥>磷，氮、磷、有机肥三因素水平过低或过高都将造成产量下降，只有在施肥均衡时才能节本增效取得高产。施氮不利于柴胡皂甙 a 的积累，磷肥和有机肥施用量偏低或偏高均导致柴胡皂甙 a 含量下降。以产量在 1 200～1 500 kg/hm² ，柴胡皂甙 a 含量在 0.4%～0.5% 为目标的施肥方案为：氮肥（尿素）用量 173～268kg/hm² ，磷肥（过磷酸钙）用量 255～527kg/hm² ，有机肥（猪圈肥）用量 25 470～2 875 kg/hm² ，只有 N、P、有机肥比例适当，用量适宜，才能达到高产优质。

在氮、磷、钾试验中，氮、磷、钾肥水平过低或过高都将造成产量下降；施用低中量氮、磷和钾肥对柴胡皂甙 a 含量没有显著影响，但施用大量氮肥或钾肥会导致柴胡皂甙 a 含量的显

著下降。以产量在 1 200~1 500 kg/hm²，柴胡皂甙 a 含量在
0.4%~0.5%为目标，通过对回归方程进行模拟寻优，提出了高
产优质的施肥方案：氮肥（尿素）用量为 167~246kg/hm²，磷
肥（过磷酸钙）用量为 451~529kg/hm²，钾肥（硫酸钾）用量
为 224~269kg/hm²。

6. 在其他中药材上的应用

实施配方施肥后，土壤的氮、磷、钾养分供应趋于平衡，土
壤有效氮、有效磷分别增加了 18 % 和 24 %，丹参平均增产
12.2%，白术平均增产 8.7%，黄芪平均增产 6.3 %，板蓝根平
均增产 8.1%，比较配方施肥和常规施肥条件下，这四种根类中
药材的产量均达到显著性差异，此外，药材质量得到了普遍的提
高，例如丹参的有效成分（丹参酮）明显提高。

第二节　中药材膜下滴灌水肥一体化栽培技术

膜下滴灌水肥一体化栽培技术是把地膜覆盖栽培技术与滴灌
技术相结合的一种新型水肥管理栽培方式，是地膜栽培抗旱技术
的延伸与深化。它根据作物生长发育的需要，依照作物耗水规
律，适时适量地、均匀而又缓慢地将水通过滴灌系统一滴一滴地
向土壤空间供给，仅在作物根系范围内进行局部灌溉。它通过地
膜覆盖，即在滴灌带或滴灌毛管上覆盖一层地膜，减少了土壤表
面的水分蒸发；又通过可控管道，根据需要将水、肥融合液均
匀、定时、定量地滴入作物根系发育区域，使传统的浇地，变成
浇作物。肥料随水流经滴孔直达作物根部，使土壤始终保持疏松
和最佳水肥状态，使作物根层土壤经常保持最佳的水分、通气和
养分状态，为作物生长发育创造了良好环境，实现节水、增产的
统一。

一、地膜覆盖栽培技术

（一）发展概况

20世纪中叶，随着塑料工业的发展，尤其是农用塑料薄膜的出现，一些工业发达的国家利用塑料薄膜覆盖地面，进行蔬菜和其他作物的生产均获得良好效果。日本最早从1948年开始研究利用，1955年首先应用于草莓覆盖生产，并进行推广。此后相继在法国、意大利、美国、苏联等国使用。我国于20世纪70年代初期进行小面积的平畦覆盖，种植蔬菜、棉花等作物。1978年进行试验，1979年开始在华北、东北、西北及长江流域一些地区进行试验、示范、推广。随即生产出厚度为 $0.015 \sim 0.02mm$ 的聚乙烯薄膜，为发展地面薄膜创造了条件。由于地膜覆盖生产效果显著，不但应用于蔬菜栽培，也相继用于大田作物、果树、林业、花卉及中药材等经济作物的生产。当前，地膜不仅用于露地栽培，也用于早春保护设施内的覆盖，不仅在早春覆盖，夏、秋高温季节覆盖也取得良好效果。在我国北方旱区应用地膜覆盖具有抗旱保墒效果。

（二）技术效应

1. 提高土壤温度，促进作物早熟

地膜透光性好，覆盖地面可有效地贮存太阳辐射能，升高土壤温度。又由于地膜的不透气性，阻隔了土壤中热量以长波辐射形式的再辐射，减少热量的损失。一般早春地膜覆盖比露地表土日平均温度提高 $2 \sim 4℃$，有效积温增加，加速了作物生长发育速度，各个生育期相应提前，成熟期显著提早。

2. 保持土壤水分，增加有效养分

由于薄膜的气密性强，不透气、不透水，地面覆盖后可抑制土壤水分蒸发，使土壤湿度稳定，并能长期保持湿润，有利于根

系生长。同时覆膜以后，土壤温度上下层差异加大，使较深层的土壤水分向上层移运积聚，这样起到了保墒提墒的作用，使耕作层土壤水分充足而稳定。由于土壤水、热条件好，有利于土壤微生物的增殖，加速有机质分解，从而提高了土壤氮、磷、钾有效养分的供应水平，满足作物生长发育对水分和养分的需要。据测定，覆盖地膜后土壤速效性氮可增加 30%~50%，钾增加 10%~20%，磷增加 20%~30%。同时地膜覆盖后可减少养分的淋溶、流失、挥发，可提高养分的利用率。

3. 防止水土流失、改善土壤物理性状

地膜覆盖可以防冲、防涝，减少风蚀和水蚀，起到保持水土的作用。同时使土壤保持良好的疏松状态，土壤固相减少 3%~5%，气相增加 3%~4%，液相增加 1%~2%，土壤总孔隙度增加 1%~10%，容重降低 $0.02~0.3g/cm^3$，硬度减少 3~6 倍，避免因灌溉、降雨等引起的土壤板结和淋溶，使土壤水、肥、热气诸因素处于协调状态，为作物生长发育创造了良好条件。

4. 提高作物光能利用率

地膜覆盖栽培叶面积比露地栽培增大，覆盖畦面反射光率也大于对照，利于提高光合作用。

5. 提高产量和品质，增加经济效益

各地对比试验和生产实践表明，地膜覆盖栽培一般可增产 30%以上。

6. 降低杂草为害

覆盖白色地膜后，在晴天高温时，地膜与地表之间经常出现 50℃左右的高温，可抑制杂草，甚或致使草芽及杂草枯死。同时在盖膜前配合使用除草剂，更可防止杂草丛生，减少除草所占用的劳力。另外，目前推广使用的黑色地膜也具有很好地除草效果。

（三）地膜覆盖方式

地膜覆盖的方式根据当地自然条件、作物种类、生产季节及栽培习惯不同而异。

1. 平畦覆盖

畦面平，有畦埂，畦宽 0.6～1.2m，畦长依地块而定。播种或定植前将地膜平铺畦面，四周用土压紧（图 6-5）。或是短期内临时性覆盖。

图 6-5　地膜覆盖栽培示意

2. 高垄覆盖

畦面呈垄状，垄底宽 50～85cm，垄面宽 30～50cm，垄高 10～20cm。地膜覆盖于垄面上。垄距 50～70cm。每垄种植单行或双行等作物。高垄覆盖受光较好，地温容易升高，也便于浇水，但旱区垄高不宜超过 10cm。

3. 高畦覆盖

畦面为平顶，高出地平面 10～15cm，畦宽 1.00～1.65m。地膜平铺在高畦的面上。一般种植高秧支架的作物。高畦高温增温效果较好，但畦中心易发生干旱。

4. 沟畦覆盖

将畦做成 50cm 左右宽的沟，沟深 15～20cm，把育成的苗定植在沟内，然后在沟上覆盖地膜，当幼苗生长顶着地膜时，在苗的顶部将地膜割成十字，称为割口放风。晚霜过后，苗自破口处伸出膜外生长，待苗长高时再把地膜划破，使其落地，覆盖于根部。俗称先盖天，后盖地。如此可提早定植7～10天。保护幼苗不受晚霜危害。既起着保苗，又起着护根的作用，而达到早熟、增产增加收益的效果。

5. 沟种坡覆

在地面上开出深40cm，上宽60～80cm的坡形沟，两沟相距2～5m，两沟间的地面呈垄圆形。沟内两侧随坡覆70～75cm的地膜，在沟两侧种植作物。

6. 穴坑覆盖

在平畦、高畦或高垄的畦面上用打眼器打成穴坑，穴深10cm左右，直径10～15cm，空内播种或定植作物，株行距按作物要求而定，然后在穴顶上覆盖地膜，等苗顶膜后割口放风。

二、膜下滴灌技术

（一）滴灌节水技术

我国是农业生产大国，同时又是一个水资源短缺的国家，而大水漫灌等传统的灌溉方式导致农业用水浪费巨大，更使我国水资源短缺的局面雪上加霜。选择节水滴灌势在必行。

1. 滴灌的定义

滴灌就是由水源提取并用输水管道输送具有较低压力（3～5m高的水头）的水，到末级有小孔能滴水的管道（毛管），均匀的滴水给农作物或果树的滴灌方法叫作滴灌。滴灌分为地面滴灌、地下滴灌两种。地面滴灌是将末级滴水的管道滴头设备，铺设在地面进行灌溉的一种方法，如温室蔬菜或塑料大棚蔬菜灌溉多采用这种方法。一年四季均可运行。地下滴灌是将整个输水管道及滴水的毛管均埋在地下的一种灌溉方法。地下滴灌已在山西省运城地区大面积推广应用。

2. 滴灌的优点

（1）省水节能　滴灌一亩次只需 $10\sim25m^3$，较一般地面漫灌省水、省电 60% 以上。水的利用率可达 97%。地面漫灌一亩次提水耗电 $20kW\cdot h$ 左右，而滴灌亩次耗电只需 $8kW\cdot h$ 左右。

（2）省工、省肥　滴灌不需挖渠开沟建闸，不需平田整地加埂，不需干耧湿锄，省工省时间。据测算，地下滴灌与地面漫灌比较，每亩年可节省 8 个工日，用工仅占地面漫灌的 5%。

（3）省地、防病虫害　滴灌的灌溉设施均埋在地下，与地面漫灌相比，少占用耕地 3%~5%。地面沟渠杂草丛生，草籽和病虫易随水流传入农田。滴灌断绝了草籽和病、虫的主要传播途径，从而大大减少了杂草和病虫害。温室漫灌湿度大，病虫害多易死苗，滴灌温室地表较为干燥，室内湿度低，所以病虫害少，苗全苗壮。

（4）增产高效　滴灌耕作层土壤疏松，不板结，土壤内通气性良好，地表温度较高，有利于作物生长发育。与漫灌相比，滴灌的作物或果树高产稳产，产品质量好，增产 30% 左右。单方水灌溉效益成倍增加，农产品质优价高，易于销售，农民受益大。

（5）简便易行，适应性强　滴灌所用的一整套设备，由工厂造成，买来一安装即可。滴灌流量可根据需要调整大小。设备不复杂，操作简单，地面不太平整也可均匀灌溉。

（二）膜下滴灌技术

膜下滴灌是指在膜下应用滴灌技术，是滴灌灌溉技术和地膜覆盖种植栽培技术相结合的一种高效灌溉技术，即在滴灌带或滴灌毛管上覆盖一层地膜。这是一种结合了滴灌技术和地膜覆盖技术优点的新型节水技术。这种技术是通过可控管道系统供水，将加压的水经过过滤设施滤"清"后，和水溶性肥料充分融合，形成肥水溶液，进入输水干管—支管—毛管（铺设在地膜下方的灌溉带），再由毛管上的滴水器一滴一滴地均匀、定时、定量浸润作物根系发育区，供根系吸收（图6-6）。

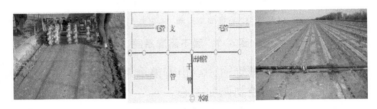

图6-6　膜下滴灌示意图

使用膜下滴灌技术，铺膜、点播、滴管带铺设机械化一次完成，而且土壤不板结，团粒不破坏，也不长草，节省了劳力费、机力费，种植成本大大降低，种植收益却明显增加。通过生产实践发现，膜下滴灌技术比常规浇灌节水30%以上，土地利用率提高5%~7%，单产提高20%左右，大幅度降低了农民的劳动强度，提高了经济效益。

（三）膜下滴灌系统

膜下滴灌系统一般由水源（如机井、潜水泵等）、首部枢纽（主要指首部过滤器装置）、输水管（指主管道和支管道）、滴灌带、阀门系统、施肥器等组成（图6-7）。

滴灌系统的水源可以是机井、水库、池塘等，但水质必须符合灌溉水质的要求。滴灌系统的水源工程一般是指：为从水源取水进行滴灌而修建的拦水、引水、蓄水、提水和沉淀工程。

滴灌系统的首部枢纽包括水泵、施肥器装置、过滤设施和安全保护及量测控制设备。其作用是从水源取水加压并注入肥料经

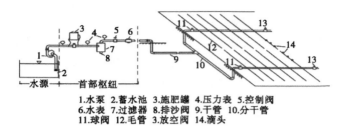

1.水泵 2.蓄水池 3.施肥罐 4.压力表 5.控制阀
6.水表 7.过滤器 8.排沙阀 9.干管 10.分干管
11.球阀 12.毛管 13.放空阀 14.滴头

图 6-7　膜下滴灌系统

过滤后按时按量输送进管网，承担着整个系统的驱动、量测和调控任务，是全系统的控制调配中心。

输水管的作用是将首部枢纽处理过的水流按照要求输送分配到每个灌水器，包括干管、支管、毛管及所需的连接管件和控制、调节设备。

滴灌带的滴头是滴灌系统中最关键的部件，是直接向作物施水肥的设备。其作用是利用滴头的微小流道或孔眼消能减压，使水流变为水滴均匀地施入作物根区土壤中。它的灌溉方式是将具有一定压力的水通过管材以及滴头将水一滴一滴均匀的灌溉到农作物根部，这样的灌溉方式，水分的利用率明显增高，劳动力方面也大大减少。同时可以结合施肥，提高肥效一倍以上。

三、水肥一体化栽培技术

（一）水肥一体化栽培技术的含义

水肥一体化栽培技术，是指灌溉与施肥融为一体的农业新技术。水肥一体化是借助压力系统（或地形自然落差），利用管道灌溉系统，将可溶性固体或液体肥料，按土壤养分含量和作物种类的需肥规律和特点，溶解在水中配兑成的肥液与灌溉水一起，均匀准确地输送至作物根部区域，同时进行灌溉与施肥，适时、适量地满足农作物对水分和养分的需求，实现水肥同步管理和高效利用的节水农业技术（图6-8）。

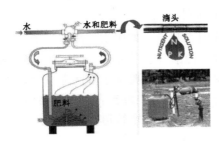

图6-8　水肥一体化系统示意图

通过可控管道系统供水、供肥，使水肥相融后，通过管道和滴头形成滴灌、均匀、定时、定量，浸润作物根系发育生长区域，使主要根系土壤始终保持疏松和适宜的含水量，同时根据不同作物的需肥特点，土壤环境和养分含量状况；作物不同生长期需水，需肥规律情况进行不同生育期的需求设计，把水分、养分定时定量，按比例直接提供给作物。该项技术适宜于有井、水库、蓄水池等固定水源，且水质好、符合微灌要求，并已建设或有条件建设微灌设施的区域推广应用。

（二）水肥一体化技术要领

水肥一体化是一项综合技术，涉及农田灌溉、作物栽培和土壤耕作等多方面，其主要技术要领须注意以下四个方面。

1. 首先是建立一套滴灌系统

在设计方面，要根据地形、田块、单元、土壤质地、作物种植方式、水源特点等基本情况，设计管道系统的埋设深度、长度、灌区面积等。水肥一体化的灌水方式可采用管道灌溉、喷灌、微喷灌、泵加压滴灌、重力滴灌等。

2. 施肥系统

在田间要设计为定量施肥，包括蓄水池和混肥池的位置、容量、出口、施肥管道、分配器阀门、水泵、肥泵等。

3. 选择适宜肥料种类

可选液态或固态肥料，如尿素、硫铵、硝铵、磷酸一铵、磷酸二铵、氯化钾、硫酸钾、硝酸钾、硝酸钙、硫酸镁等肥料；固态以粉状或小块状为首选，要求水溶性强，含杂质少，一般不应该用颗粒状复合肥（包括中外产品）；如果用沼液或腐殖酸液肥，必须经过过滤，以免堵塞管道。

4. 灌溉施肥的操作

（1）肥料溶解与混匀　施用液态肥料时不需要搅动或混合，一般固态肥料需要与水混合搅拌成液肥，必要时分离，避免出现沉淀等问题。

（2）施肥量控制　施肥时要掌握剂量，注入肥液的适宜浓度大约为灌溉流量的 0.1%。过量施用可能会使作物致死以及环境污染。

（3）灌溉施肥的程序分 3 个阶段　第一阶段，选用不含肥的水湿润；第二阶段，施用肥料溶液灌溉；第三阶段，用不含肥的水清洗灌溉系统。

总之，水肥一体化技术是一项先进的节本增效的实用技术，在有条件的农区只要前期的投资解决，又有技术力量支持，推广应用起来将成为助农增收的一项有效措施。

（三）水肥一体化栽培技术的优势

1. 省工省时

传统的沟灌、施肥费工费时，非常麻烦。而使用滴灌，只需打开阀门，合上电闸，几乎不用工。

2. 节水省肥

滴灌水肥一体化，直接把作物所需要的肥料随水均匀的输送到植株的根部，作物"细酌慢饮"，大幅提高了肥料的利用率，减少 50% 的肥料用量，水量也只有沟灌的 30%~40%。滴灌仅湿润作物根系发育区，属局部灌溉形式，由于滴水强度小于土壤的入渗速度，因而不会形成径流使土壤板结。膜下滴灌滴水量很少，且能够使土壤中有限的水分循环于土壤与地膜之间，减少作物的棵间蒸发。覆盖地膜还能将较小的无效降雨变成有效降雨，提高自然降雨的利用率。据测试：膜下滴灌的平均用水量是传统灌溉方式的 12%，是喷灌的 50%，是一般滴灌的 70%。易溶肥料施肥，可利用滴灌随水滴到作物根系土壤中，使肥料利用率大大提高。据测试，膜下滴灌可使肥料的利用率由 30%~40% 提高到 50%~60%。

3. 增产效果明显

膜下滴灌能适时适量地向作物根区供水供肥，调节棵间的温度和湿度；同时地膜覆盖昼夜温差变化时，膜内结露，能改善作物生长的微气候环境，从而为作物生长提供良好的条件，因而增产效果明显。

4. 减轻病害

大棚内作物很多病害是土传病害，随流水传播。如辣椒疫病、番茄枯萎病等，采用滴灌可以直接有效的控制土传病害的发生。滴灌能降低棚内的湿度，减轻病害的发生。

5. 控温调湿

冬季使用滴灌能控制浇水量，降低湿度，提高地温。传统沟灌会造成土壤板结、通透性差，作物根系处于缺氧状态，造成沤根现象，而使用滴灌则避免了因浇水过大而引起的作物沤根、黄叶等问题。

6. 增加产量，改善品质，提高经济效益

滴灌的工程投资（包括管路、施肥池、动力设备等）约为

1 000元/亩，可以使用 5 年左右，每年节省的肥料和农药至少为700 元，增产幅度可达30%以上。

第三节　中药材连作障碍及防治途径

每一个植物体都不是孤立的个体，而是与许多微生物共同组成一个生态区系，即根际。根际是一个很特别的微区域，由于植物根系的影响，使其周围的微域在物理、化学和生物方面与土壤主体不同。根际区是植物体与土壤物质、能量交换场所。植物在其生长发育过程中，根系作为植物与土壤的接触面，从土壤中吸收水分、养分的同时，也对土壤产生影响：一方面植物体通过呼吸、分泌有机物质影响根际土壤性质；另一方面，土壤又通过根际区以各种方式向植物体提供营养物质。除根系穿插的影响外，根系在其生育期间不断以根产物的形式，释放到土壤中去，影响土壤的物理、化学以及生物学性状，直接或间接地影响土壤的养分有效性，腐殖质及微生物活动，进而影响作物连作，产生异种克生现象。一般认为，前茬作物的根系分泌物能刺激某些有害微生物的生长和繁殖，这些微生物抑制下茬同一作物的生长，从而造成连作障碍。

一、连作及连作障碍的含义

连作是指在同一块地里连续种植同种（或同科）植物。

连作障碍是指同种（或同科）植物连作以后，即使在正常管理的情况下，也会产生产量下降、品质变劣、生育状况变差的现象。在长期的农业生产实践中，人们已经认识到同一作物在同一块土地上连续种植，将出现作物发育不良、病虫害严重，以至于严重减产，即作物连作障碍。

二、中药材连作障碍

连作障碍现象在世界范围内普遍存在，中药材生产也面临着同样的困境。目前，我国 40% 药材供应主要依靠栽培品种，而占栽培品种 60% 的根类药材连作障碍问题尤为突出，如人参、三七、地黄、丹参、贝母、桔梗等。连作栽培常造成中药材生长发育变差，抗逆能力下降，相同病虫害发生猖獗，药材产量和质量下降，严重者导致植株死亡。大量研究表明，五加科人参属的中药材严重忌连作。人参（*Panaxginseng* C. A. Mey.）和西洋参（*Panaxquinquefolius* Linn.）地起参后要 30 年以上才能再次种植，用老参地继续栽种人参一般在第 2 年以后存苗率降至 30% 以下，有大约 70% 的参地人参须根脱落、烧须严重，产量极低；三七（*Panaxnotoginseng*（*Bark*）F. H. Chen）一般要间隔 10 年左右才能重新种植，连作表现为植株基本全部死亡，缩短轮作年限则表现为发病严重和保苗率低等现象，致使产量低、质量差。近来研究发现，玄参、地黄、丹参以及附子等也都存在明显的连作障碍现象。玄参（*Scrophularianingpoensis* Hemsl.）连作一年减产 10%~20%，连作两年减产 30%~40%，隔 3~4 年才能再种。怀地黄（*Rehmanniaglutinosa* Libosch.）即使连年采取轮作，同一块地也要间隔 8~10 年方可再植。丹参（*Salviamiltiorrhiza* Bge.）连作后植株地上部生长量下降、枯苗率增高，地下根系长势弱，根系数量、直径和长度减小，根部木质化，发黑腐烂，生长畸形，并常伴有裂根现象。连作对附子（*Aconitumcarmichaeli* Debx.）株高和茎粗的影响极显著，加重了附子根腐病的发生，导致附子产量下降。当归〔*Angelica sinensis*（Oliv.）Diels.〕连作后，当归麻口病的发生率和抽薹率均有很大增加。

三、中药材连作障碍的原因

引起中药材连作障碍的原因是错综复杂的，中药材、土壤、微生物 3 个系统内诸多因素相互综合作用的结果。不同品种、不同药用部位的中药材，不同栽培条件，其连作障碍原因也会不同。归纳起来，引起连作障碍的原因有以下几点。

（一）土壤养分的亏缺

某种特定的中药材对土壤中营养元素的需求种类及吸收比例是固定的，尤其对某些微量元素更有特殊的需求。长期连作某种中药材，必然造成土壤中某些元素的亏缺和其他元素的相对富庶，养分发生非均衡性变化，在得不到及时补充的情况下出现"木桶效应"。结果中药材抗逆性降低，根冠比失调，不能正常生长，最终影响其产量和品质。刘德辉等（2000）通过对江苏省射阳县洋马乡常年种植中药材菊花、丹参、白术、板蓝根等的农田（30余年）土壤肥力变化的研究，发现土壤有机质、全氮、全磷、有效磷养分随着种植年限增加而衰减。分析近年来多种中药材产量和品质下降，经济收益减少的原因是中药材生产中轮作单调，施肥不合理，中药材生物量的大部分有机物质输出，致使土壤养分比例失调，其中最显著和关键的就是土壤磷元素有效性降低，土壤供磷不足。烤烟连作亦使土壤养分发生改变，并且影响烟叶产量和内在品质。在正常施肥条件下，土壤有效养分出现不同程度的积累，其增加顺序为：P、S>K、Mg>Ca、N，长期连作土壤 P、S 明显富集；土壤养分的比例也发生变化，N/P、K/P、K/S、Ca/Mg 比值明显下降，引起养分比例失调。

（二）土壤理化性状恶化

影响中药材连作种植会导致土壤相关的酶活性发生改变。研究表明，地黄的连作种植会导致根际 H_2O_2 酶的活性降低，而蛋白酶、多酚氧化酶、土壤中脲酶、蔗糖酶和纤维素酶等酶活性增强，其根系分泌的酸性物质影响土壤微生物群落，使根际土壤的微生物区系也都发生了明显改变。Lin 等（2014）的研究也发现，连作两年的太子参种植土壤中的有机质含量减少，脲酶、蔗糖酶、酸性磷酸酶、多酚氧化酶和过氧化氢酶等的活性也都比空

白土壤显著降低，连作太子参的产量也显著降低。孙雪婷等
（2015）研究了三七连作对土壤理化性状及土壤酶活性的影响，
结果表明，随着三七种植年限的增加，土壤有机质含量减少，土
壤 pH 呈显著下降趋势，并显著降低了土壤蛋白酶、H_2O_2 酶、蔗
糖酶、磷酸酶及脲酶活性，并认为这些变化将阻碍三七对某些营
养元素的吸收及间接加剧土壤自毒物质的积累，从而可能诱导连
作障碍。因此，中药材连作对其根际土壤酶活性及微生物区系产
生了较大影响，进一步可影响连作下的中药材的产量。

（三）化感物质的自毒作用

长期以来，中药材根系分泌的具有自毒作用的次生物质一直
被认为是引起中药材连作障碍的主要因素，它主要是通过莽草酸
和异戊二烯两个代谢途径合成的植物次生代谢产物。目前，研究
已发现的中药材化感物质主要包括酚类、萜类、醌类、香豆素
类、黄酮类、糖苷类以及生物碱等。覃逸明等（2009）发现凤
丹根际土壤中存在阿魏酸、肉桂酸、香草醛、香豆素、丹皮酚等
酚酸类物质。Li 等（2012）研究发现利用乙酸乙酯对地黄须根
的萃取物能够显著抑制地黄幼苗的生长，通过鉴定发现其中含有
阿魏酸、香兰素、对羟基苯甲酸、苯甲酸、原儿茶酸、没食子酸
等酚酸类化合物。杜家方等（2009）研究认为连作地黄土壤中
阿魏酸、香豆酸、丁香酸和对羟基苯甲酸抑制地黄叶片、块根的
生长，其中以阿魏酸为主。Bi 等（2010）的研究认为酚酸是西
洋参根际土壤中的主要自毒物质。郭兰萍等（2006）则在苍术
的根茎及根际土水提物中鉴定到了能强烈抑制苍术胚芽伸长的倍
半萜类成分 β-桉叶醇。此外，不同浓度的当归根际土壤浸提液
可以降低种子萌发率，影响幼苗生长，而在其土壤浸提液中分离
鉴定出酮、醛、酯和烃类等多种化感物质，由此推断中药材根系
分泌的次生代谢物质对同类植物的毒害作用可能是导致当归产生
连作障碍的原因之一。

（四） 残茬腐解

中药材植物残体经微生物分解过程中也会释放出化感物质，对自身及周围生长的中药材产生化感物质，从而抑制下茬中药材的生长。如蕨类植物枯死枝叶腐烂后释放出化感物质阿魏酸和咖啡酸，使一些草本植物在其之间很难生存（Wagger et al，1993）。

（五） 土传病害的加重

对中药材生长而言，正常情况下土壤中有益微生物种类和数量远远超过病原微生物。土壤（根际）微生物与中药材形成共生关系，且不同中药材根际微生物的种群结构不同。若同一中药材长期连作，改变了微生物种群分布，打破了原有中药材根际微生态平衡，使有些寄生和繁殖能力强的有害微生物种群在根际土壤中占优势，土壤中病原菌数量不断增加，其代谢产物影响中药材的正常生长代谢，产生强烈的致毒作用。病害在所有连作障碍原因中占85%左右，特别是土传病害是引起中药材连作障碍的最重要因子（Wagger et al，1993）。

（六） 光合速率下降，产量降低

作物生长是依靠作物的光合作用产生的有机物，光合速率则反映了光合作用的强弱，是植物十分复杂的生理过程。关于光合速率产生"午休"的内在机制，一般有两种解释，一种是气孔因素；而另一种是非气孔因素。朱永永等（2007）研究表明，中药材正茬、迎茬、连作2年处理的光合速率日变化呈双峰曲线，具有明显的"午休"现象；连作4年处理的光合速率变化呈单峰曲线。正茬、迎茬和连作4年处理的光合速率下降（午休）是由气孔因素引起的，而连作2年处理的光合速率下降（午休）主要原因是由非气孔因素引起的。正茬处理的光合速率显著高于迎茬、连作2年和连作4年处理的光合速率。根据作物产量与光合速率呈显著正相关的原理可推测出，正茬的产量高于迎茬和连作。

四、中药材连作障碍防治途径

解决中药材种植的连作障碍是一个难题，是提高中药材产量和品质的关键所在，也是实现中药材可持续发展的当务之急。虽然目前仍未找到其根治办法，但可以通过一些措施来缓解连作障碍。

（一）筛选和培育抗（耐）连作的品种

不同品种或资源之间在形态、产量品质及抗性方面等均存在着较大差异。温学森等（2002）专家学者研究表明：不同品种感染病毒病后呈现出的症状存在明显的差异。曲运琴等（2011）以地黄品种北京 3 号、温 85-5 和农家品种"硬三块"为材料进行连作，试验表明：连作时地黄品种间的差异较大，北京 3 号为该次试验中抗连作较强的品种，与温 85-5 和"硬三块"可达显著或极显著差异。此外，许多植物的野生近缘种属较相应的栽培种有更好的抗性，而中药材的野生近缘种属同样存在着类似现象。因此，应该加强对中药材不同品种，不同近缘种属等中药材质资源的收集工作和鉴定工作，利用遗传背景差异较大，进行单交，双交及聚合杂交的方式，在保留道地药材特性的基础上，选育出抗（耐）连作的品种。同时，将抗性遗传基因导入现有推广的、已选育出综合性状好的道地品种，进而改良生产上主栽品种，可缩短育种年限，保留道地性，具有较好的应用前景。

（二）改善栽培制度，合理间作、轮作、套种

同一作物或同作物连作，会使特定的病虫害繁殖猖獗，而轮作不仅可以恢复土壤地力，也可以断绝病虫的营养源，减轻病害的发生，是减轻中药材连作障碍的重要措施之一。目前对于老参地的改良主要采取参水轮作、参药轮作和参粮轮作等。我国也曾开展过参地轮作紫穗槐、苜蓿、细辛等的研究，提出了 6~10 年的轮作制。近年来，我国还建立了利用周期为 1~3 年的人参、

西洋参短期互相轮作技术体系。地黄（张重义 等，2013）主要与小麦、玉米、谷子等禾本科作物轮作，而尤以水旱轮作效果最佳。王荣秀等（2004）报道青海在沙棘、云杉和白桦林中间作柴胡、大黄、板蓝根、黄芪等药材取得成功；王继永等（2003）观测了不同毛白杨密度及不同林地位置间作甘草、桔梗、天南星等中药材的产量分布规律，确定了间作的最佳行距；林内种植天麻、细辛，农作物与绞股蓝、半夏间作均能提高经济效益，改善生态环境。

（三）土壤灭菌

土壤灭菌是目前克服连作障碍的重要途径之一，尤其是对于连作后土传病害加重的中药材，采用土壤熏蒸灭菌剂，但由于其对大气臭氧层有严重破坏作用，现已被有机硫熏蒸剂所代替。研究表明，三七（马承铸 等，2006）连作地于播种前和移苗前用 98%大扫灭粉粒剂（$20 \sim 40 g/m^2$）和 35%钾-威百液剂（$30 \sim 50 ml/m^2$）进行耕作层土壤熏蒸处理，对三七出苗和成苗率无显著影响，而杂草和线虫发生量比对照均减少 90%~95%。若土壤熏蒸后再施入益生菌剂，并结合使用高效复配杀菌剂，则可以很好地解决三七的连作障碍。张重义等（2013）通过在重茬土壤中加入活性炭、抗坏血酸处理，可有效解除地黄连作障碍。高微微等（2006）用灭生性土壤消毒剂氯化苦对连作的西洋参基质进行消毒，可显著提高存苗率，减少根病发生。

（四）合理施肥，平衡施肥

化肥施用过多是土壤酸化盐化的直接原因，因此控制化肥用量，实行有机肥与化学肥相结合，氮、磷、钾合理配施。并根据不同中药材的需肥特点，研究生产专用肥，配施微生物肥料，推广平衡施肥和测土施肥技术。

（五）添加有益微生物或营养元素

连作土壤中补充和添加有益微生物或者营养元素可以改善土壤的生物与非生物环境，促进植物的生长发育，抑制病害发生，改善药材质量，在一定程度上缓解中药材的连作障碍。如叶面喷施 EM 菌肥可促进三七生长，对缓解三七连作的作用明显（肖慧，2010）；通过向土壤中添加有益的微生物和营养液可以改善老参地土壤环境，抑制人参致病菌；适当施加微肥能够提高连作川明参中总多糖的含量，且以锰 0.1%、硼 0.1%、锌 0.01%作叶面微肥喷施时，效果最好。中药材连作障碍往往是多种因子协同作用的结果，采取上述单一的防治措施难以达到很好的治理效果。

（六）秸秆还田

在积盐严重的地方，可利用高温季节进行耕翻，施秸秆，再加水沤的办法，这一措施可以同时起到除盐、培肥、灭菌的作用。

（七）加强绿色防治技术开发

化学防治是常用的连作障碍防治措施，但存在污染环境和产品以及容易产生耐药菌等问题，因此，今后应更加注重有效、低毒或无害的绿色防治方法。如通过挖掘生物自身的遗传潜力，选育抗性品种；利用生物之间化感作用及生物与非生物之间相互作用原理生产的一些调控剂，如微生物菌肥、生物降解剂、土壤添加剂等的应用。中药材连作障碍是困扰现代中药材生产的一大难题，受到广大研究者的普遍关注，通过多年不懈的努力，目前已有良好的研究基础，并已取得了不少相关的研究成果，尤其是在连作障碍的形成机理研究方面，进展较快。可以相信，随着科学技术的发展和中药材栽培管理体系的不断完善，中药材连作障碍问题必将会得到缓解，达到经济效益、生态效益和社会效益的和谐统一。

第七章　中药材病虫草害及其绿色防控

随着中药材产业的迅猛发展，有害生物问题日益凸显，成为中药材做大、做强的主要瓶颈。药材野生变家种以后，打破了原有生物的生态平衡，同时药材大面积规模化种植，极易引起有害生物流行暴发成灾。中药材种植区病害主要有根腐病、白粉病、立枯病、锈病、叶斑病、炭疽病、白粉病、霜霉病、叶枯病、根腐病、褐斑病等。虫害主要有蚜虫、潜叶蝇、红蜘蛛、介壳虫、菜青虫、夜蛾、萤叶甲、尺蠖、实蝇等。一些恶性杂草鼠害也对中药材生产造成了严重影响，极大增加了成本投入，如冰草、稗草、车前草、蒿类、狗尾草、大小蓟、灰绿黎、打碗花、苦荬菜、鼢鼠等。而且新的有害生物种类不断出现，一些次要有害生物上升成为主要危害。

第一节　中药材的病虫害及其防治

一、主要病害

中药材尤其是富含油脂和糖类等高营养成分的药材，在种植、采收、加工、运输及储藏过程中，由于受到其自身内在因素如有机物、含水量等和外在环境条件如光照、湿度、温度等的影响而污染细菌和真菌等微生物，进而易发生霉变并产生真菌毒素。真菌毒素能引起肝毒性、肾毒性、致癌等重大毒性反应。中药材污染真菌和真菌毒素后，不仅会对药材质量造成影响，而且对中药及其产品的安全性和有效性也会造成影响。

（一）病害及发病原因

药用植物在栽培过程中，受到有害生物的侵染或不良环境条件的影响，正常新陈代谢受到干扰，从生理机能到组织结构上发生一系列的变化和破坏，以至于在外部形态上呈现反常的病变现象，如花叶、枯萎、斑点、霉粉、腐烂等，统称病害。引起药用植物发病的原因，包括生物因素和非生物因素。由生物因素如真菌、细菌、病毒、线虫等侵入植物体所引起的病害，有传染性，称为侵染性病害或寄生性病害；由非生物因素如旱、涝、严寒、养分失调等影响或损坏生理机能而引起的病害，没有传染性，称为非侵染性病害或生理性病害。在侵染性病害中，致病的寄生生物称为病原生物，其中真菌、细菌常称为病原菌。被侵染植物称为寄主植物。侵染性病害的发生不仅取决于病原生物的作用，而且与寄主生理状态以及外界环境条件也有密切关系，是病原生物、寄主植物和环境条件三者相互作用的结果。

（二）主要病害

1. 真菌性病害

由真菌侵染所致的病害种类最多，如人参锈病，西洋参斑点病，三七、红花的炭疽病，延胡索的霜霉病，黄芪、杜仲、白术、北沙参、防风和菊花等易感染的立枯病，黄芩、丹参、板蓝根、黄芪、太子参、芍药和党参等易感染根腐病等。此类真菌性病害一般在高温多湿时易发病，病菌多在病残体、种子、土壤中过冬。病菌孢子借风、雨传播，在适合的温、湿度条件下孢子萌发，长出芽管侵入寄主植物内为害，在病部带有明显的霉层、黑点、粉末等征象。可造成植物倒伏、死苗、斑点、黑果、萎蔫等病状。目前，中药材生产中时有真菌和真菌毒素污染的情况发生，其中曲霉属真菌为中药材的主要污染菌之一。

2. 细菌性病害

由细菌侵染所致的病害，如浙贝软腐病，佛手溃疡病，颠茄青枯病，为害丹参、人参、白术、半夏、川芎、川荸、延胡索和牡丹等的菌核病。侵害植物的细菌都是杆状菌，大多具有一至数根鞭毛，可通过自然孔口（气孔、皮孔、水孔等）和伤口侵入，借流水、雨水、昆虫等传播，在病残体、种子、土壤中过冬，在高温、高湿条件下易发病。细菌性病害症状表现为萎蔫、腐烂、穿孔等，发病后期遇潮湿天气，在病部溢出细菌粘液，是细菌病害的特征。

3. 病毒病

如颠茄、缬草、白术的花叶病，地黄黄斑病；人参、澳洲茄、牛膝、曼陀罗、泡囊草、洋地黄等的病害都是由病毒引起的。病毒病主要借助于带毒昆虫传染，有些病毒病可通过线虫传染。病毒在杂草、块茎、种子和昆虫等活体组织内越冬。病毒病主要症状表现为花叶、黄化、卷叶、畸形、簇生、矮化、坏死、斑点等。

4. 线虫病

植物病原线虫，体积微小，多数肉眼不能看见。由线虫寄生可引起植物营养不良，进而生长衰弱、矮缩，甚至死亡。根结线虫造成寄主植物受害部位畸形膨大，如人参、西洋参、麦冬、川乌、牡丹的根结线虫病等。胞囊线虫则造成根部须根丛生，地上部生长停滞黄化，地下部不能正常生长，如地黄胞囊线虫病等。线虫以胞囊、卵或幼虫等在土壤或种苗中越冬，主要靠种苗、土壤、肥料等传播。根结线虫病危害丹参、桔梗、黄芪、人参和北沙参等。

5. 生理性病害

多由于栽培管理不当，水分供应失调，不适环境等因素，造成植株普遍黄化、矮小，抗病力低，易孳生一些腐生菌及害虫，造成生长势明显下降，中药材质量明显下降。

二、主要虫害

中药材种植区发生的虫害主要有蚜虫、潜叶蝇、介壳虫、菜青虫、尺蠖、实蝇等。

（一）地面害虫

1. 蚜虫

蚜虫为同翅目蚜科害虫，俗称腻虫、蜜虫。种类很多，形态各异，体色为黄、绿、黑、褐、灰等。成蚜、若蚜群集在嫩叶、茎顶部、花蕾上，刺吸组织液汁，导致中药材叶片变黄，影响中药材正常的光合作用，从而阻碍其生长发育，生长停止，植株萎缩，干枯，开花结实受损。严重情况下可直接引起植株死亡。蚜虫可以对中药材整个生长阶段造成为害，一般在 18～22℃时蚜虫繁殖速度最快，温度升高到 25℃时便会出现较多有翅胎生蚜虫，严重危害中药材生长。

2. 潜叶蝇

对中药材产生危害的潜叶蝇主要为油菜潜叶蝇，为双翅目潜叶蝇科芒角亚科。在中药材种植过程中潜叶蝇为害较为严重，其幼虫可以潜入中药材叶片中，食用中药材叶肉，造成叶片出现弯曲隧道孔，而叶片叶肉被食用而发生枯死，最终脱落。

3. 实蝇

实蝇也叫钻心虫、蕾蛆，为双翅目实蝇科类害虫，可对花叶类中药材花絮造成为害，一般在中药材花蕾期间将虫卵产在花蕾中，幼虫在生长过程中以花蕾为食，从而导致烂蕾，不能正常开花，最终花朵凋零死亡。该虫害可严重影响花叶类中药材产量。

4. 红蜘蛛

又名叶螨，属蛛形纲蜱螨目叶螨科。体小、呈红色，常见于叶片背面吸取汁液。初期被害叶红黄色，后期严重，导致全叶干枯，花及叶果同时受害。虫害繁殖力极强，受害品种主要有：平贝母、甘草、牛蒡、三七、当归、生地、红花、川芎、枳壳、桔梗等。

5. 介壳虫

又名蚧虫，属于昆虫纲同翅目介总科。雌虫体有蜡质介质或丝状物，固定寄生于枝、叶或果实上，吸取汁液，导致整株逐渐枯死。

6. 菜青虫

菜青虫是菜粉蝶或菜白蝶的幼虫。幼虫为害花蕾、叶片，造成叶片孔洞、缺口，严重时叶片被吃光。

7. 尺蠖

尺蠖又名造桥虫，是尺蛾的幼虫，属昆虫纲鳞翅目尺蛾科昆虫幼虫统称，危害枝、叶、芽。尺蠖身体细长，行动时一屈一伸像个拱桥，休息时，身体能斜向伸直如枝状。完全变态。成虫称为"尺蛾"，翅大，体细长有短毛，触角丝状或羽状。

（二）地下害虫

1. 地老虎

地老虎属昆虫纲鳞翅目夜蛾科，一般又被称为土蚕、地蚕，为多食性害虫。危害的中药材品种主要有：山药、芍药、枸杞、黄柏、胡芦巴、当归、党参、柴胡、白术、生地、紫草、紫菀、平贝母等。

2. 蛴螬

蛴螬是金龟甲的幼虫，别名白土蚕、核桃虫。成虫通称为金龟甲或金龟子。发生最多、危害最重的是暗黑金龟甲，以幼虫危害最严重。幼虫以咬食根、地下茎为主，通常危害中药材幼苗，造成根茎枯死，发生缺苗情况。受害的中药材品种很多，如：穿山龙、人参、太子参、平贝母、柴胡、麦冬、山药、当归、紫草、紫菀、党参、芍药、红花、龙胆草等。一般来说，在土壤湿度适宜、林地间作及重茬区域虫害发生较为严重。

3. 金针虫

金针虫是鞘翅目叩甲科昆虫幼虫的总称。危害中药材的金针虫有沟金针虫和细胸金针虫两种，主要危害种子，导致缺苗断垄。温度、湿度均会对金针虫产生影响，沟金针虫喜高温，而细胸金针虫偏向低温，另外沟金针虫在土壤湿度 15%~18% 范围内生长旺盛，而细胸金针虫则更偏向于湿润土壤，一般以 20%~25% 湿度为佳。

三、病虫害发生的特点

我国从南到北药用植物分布广泛，自 20 世纪 80 年代许多中药材人工栽培获得成功以来，中药材栽培技术日趋成熟，多数野生药材得以驯化成功。近几年来，栽培的中药材约有 250 多种，种植面积约有 386 860 hm²，中药材生产基地 600 多个，56 种野生中药材已人工栽培成功，如半夏、天花粉、穿心莲、天麻、黄芪等，一些病害日趋严重，如板蓝根霜霉病、黄芪枯萎病等，危害中药材的病害多发生在苗期和成株期，造成缺苗断垄、根部腐朽、植株萎蔫、畸形等症状。在野生品种的驯化中、品种的引进、大量化学农药的使用等，引起中药材生长势下降，抗病性减弱，中药材农药残留量增加，药材品质下降，严重影响了中药材市场的发展。

（一）野生种变农家种，病害为害加重

近年来由于中药材需求骤增，野生资源难以满足市场需求，

多数药材被人工栽培。可人工栽培后，打破了原有生物的生态平衡，栽培区域内生物多样性减少，目标生物易受非目标生物的抑制，特别是野生品种病害种类增加，为害严重。如大黄根腐病、轮纹病、炭疽病等人工栽培后发生猖獗。

（二）引种不当，病害趋于严重

中药材种植热引发了中药材品种的南北广泛交流，从而引发病害的南北传播，除中药材品质难以保证外，中药材病害日趋严重。如板蓝根霜霉病从东北、华北向西北扩展，当归麻口病、根腐病随北种南调而向华南等地传播。

（三）连作加剧病害发生

中药材连作引起土壤中习居菌的逐年增加，引起各类药材的根腐病。据资料报道，丹参受根结线虫病的危害，连作 1 年减产明显，连作 2 年大幅度减产，连作 3~4 年基本无收。红花因菌核病的为害，连作 2 年，病株率达 80%，死株率达 25%。药用部位成为病害的为害重点，特别是根茎类药材地下部分病害为害严重，根茎类药材占中药材的 1/4 以上，这些地下部分极易受土壤中的病原菌为害，尤其是以根茎作繁殖材料的中药材，根茎是携带病原菌的初侵染来源和远距离传播的重要途径。如丹参、白术、栝楼、牛膝等的根结线虫病，白术、地黄、沙参等的白绢病等危害均重。根茎类的病毒病更是传统方法难以防治的病害。

（四）道地药材病虫害严重

药用植物栽培有一很重要的特点，就是历史形成的道地药材，例如东北的人参、云南的三七、宁夏的枸杞、甘肃的当归等。道地药材是由特定的气候、土壤等生态条件及人们的栽培习惯等综合因素所形成的，其药材的品种、栽培技术均比较成熟，药材的质量相对比较稳定。在这种情况下，由于长期自然选择的结果，适应于该地区环境条件及相应寄主植物的病原、虫源必然逐年累积，往往严重危害这些道地药材。

（五）药用植物野生变家种增加了病害的流行

多数药用植物由野生变家种，高密度集约化人工栽培，使药用植物生长的生态环境如动植物、微生物区系发生了深刻改变。为病害的发生和流行提供了适宜的条件。引起药用植物病害的病原菌寄生范围很广，如为害黄连的紫纹羽病菌能感染党参、黄芪、桔梗、芍药、太子参、玄参、附子等野生和栽培的 210 多种植物。

（六）害虫种类复杂，单食性和寡食性害虫相对较多

药用植物包括草本、藤本、木本等各类植物，生长周期有一年生、几年生甚至几十年生，害虫种类繁多。由于各种药用植物本身含有它的特殊化学成分，这也决定了某些特殊害虫喜食这些植物或趋向于在这些植物上产卵。因此药用植物上单食性和寡食性害虫相对较多。例如，射干钻心虫，栝楼透翅蛾、白术术籽虫、金银花尺蠖、山茱萸蛀果蛾、黄芪籽蜂等，它们只食一种或几种近缘植物。

（七）药用植物地下部病害和地下害虫危害严重是个突出问题

由于许多药用植物的根、块根和鳞茎等地下部分，既是药用植物营养成分积累的部位，又是药用部位，这些地下部分极易遭受土壤中的病原菌及害虫的危害，导致减产和药材品质下降。由于地下部病虫害防治难度很大，往往经济损失惨重，历来是植物病虫害防治中的老大难问题。如人参锈腐病和立枯病、贝母腐烂病、地黄线虫病等。地下害虫种类很多，如蝼蛄、金针虫等分布广泛，因植物根部被害后造成伤口，导致病菌侵入，更加剧地下部病害的发生和蔓延。

（八）无性繁殖材料是病虫害初侵染的重要来源

应用植物的营养器官（根、茎、叶）来繁殖新个体在药用

植物栽培中占有很重要的地位。有的药用植物种子发芽困难，或用种子繁殖植株生长慢、年限长，故生产上习惯用无性繁殖，如贝母用鳞茎繁殖一年一收，如用种子繁殖需5年才能收；同时采用无性繁殖还能保持母体优良性状；对雌雄异株的植物，无性繁殖可以控制其雌雄株的比例如栝楼。故无性繁殖在药用植物繁殖中应用甚广。由于这些繁殖材料基本都是药用植物的根、块根、鳞茎等地下部分，常携带病菌、虫卵，所以无性繁殖材料是病虫害初侵染的重要来源，也是病虫害传播的一个重要途径，而当今种子种苗频繁调运，更加速了病虫传播蔓延。

四、病虫害绿色防控及建议

（一）病虫害绿色防控

1. 农业防治

农业防治法是通过调整栽培技术等一系列措施以减少或防治病虫害的方法。大多为预防性的，主要包括以下几方面。

（1）合理轮作和间作　在药用植物栽培制度中，进行合理的轮作和间作，无论对病虫害的防治或土壤肥力的充分利用都是十分重要的。例如，许多土传病害，对人参、西洋参危害较严重。种过人参的地块在短期内不能再种，否则病害严重，会造成大量死亡或全田毁灭。轮作期限长短一般根据病原生物在土壤中存活的期限而定，如白术的根腐病和地黄枯萎病轮作期限均为3~5年。此外，合理选择轮作物也至关重要，一般同科、同属植物或同为某些严重病、虫寄主的植物不能选为下茬作物。间作物的选择原则应与轮作物的选择基本相同。

（2）耕作深耕　不仅能促进植物根系的发育，增强植物的抗病能力，还能破坏蛰伏在土内休眠的害虫巢穴和病菌越冬的场所，直接消灭病原生物和害虫。例如人参、西洋参在播种前，要求土地要休闲一年，进行耕翻晾晒数遍，以改善土壤物理性状，减少土壤中致病菌数量，这已成为重要的防治措施之一。

（3）除草、修剪、清园　田间杂草及药用植物收获后，受病虫危害的残体和掉落在田间的枯枝落叶，往往是病虫隐蔽及越冬的场所，是翌年的病虫来源。因此，除草、清洁田园和结合修剪将病虫残体和枯枝落叶烧毁或深埋处理，可以大大减轻翌年病虫为害的程度。

（4）调节播种期　某些病虫害常和栽培药物的某个生长发育阶段物候期密切相关。如果设法使这一生长发育阶段错过病虫大量侵染危害的危险期，避开病虫危害，也可达到防治目的。

（5）合理施肥　合理施肥能促进药用植物生长发育，增强其抵抗力和被病虫危害后的恢复能力。例如：白术施足有机肥，适当增施磷、钾肥，可减轻花叶病。但使用的厩肥或堆肥，一定要腐熟，否则肥中的残存病菌以及地下害虫蛴螬等虫卵未被杀灭，易使地下害虫和某些病害加重。

（6）选育和利用抗病、抗虫品种药用植物　不同类型或品种往往对病、虫害抵抗能力有显著差异。如有刺型红花比无刺型红花能抗炭疽病和红花实蝇，白术矮秆型抗术籽虫等。因此，如何利用这些抗病、虫特性，进一步选育出较理想的抗病、虫害的优质高产品种，则是一项十分有意义的工作。

2. 生物防治

生物防治是利用各种有益的生物来防治病虫害的方法。主要包括以下几方面。

（1）利用寄生性或捕食性昆虫，以虫治虫　寄生性昆虫，包括内寄生和外寄生两类，经过人工繁殖，将寄生性昆虫释放到田间，用以控制害虫虫口密度。捕食性昆虫的种类主要有螳螂、蚜狮、步行虫等。这些昆虫多以捕食害虫为主，对抑制害虫虫口数量起着重要的作用。大量进行繁殖并释放这些益虫可以防治害虫。

（2）微生物防治 利用真菌、细菌、病毒寄生于害虫体内，使害虫生病死亡或抑制其为害植物。

（3）动物防治 利用益鸟、蛙类、鸡、鸭等消灭害虫。

（4）不孕昆虫的应用 通过辐射或化学物质处理，使害虫丧失生育能力，不能繁殖后代，从而达到消灭害虫的目的。

3. 物理、机械防治

物理、机械防治是应用各种物理因素和器械防治病虫害的方法。如利用害虫的趋光性进行灯光诱杀；根据有病虫害的种子重量比健康种子轻，可采用风选、水选淘汰有病虫的种子，使用温水浸种等。

4. 化学防治

化学防治是应用化学农药防治病虫害的方法。主要优点是作用快，效果好，使用方便，能在短期内消灭或控制大量发生的病虫害，不受地区季节性限制，是目前防治病虫害的重要手段，其他防治方法尚不能完全代替。化学农药有杀菌剂、杀虫剂、杀线虫剂等。杀虫剂根据其杀虫功能又可分为胃毒剂、触杀剂、内吸剂、熏蒸剂等。杀菌剂有保护剂、治疗剂等。使用农药的方法很多，有喷雾、喷粉、喷种、浸种、熏蒸、土壤处理等。

（二）病虫害防治建议

1. 重视并加强中药材病虫害研究

应重视并加强中药材病虫害种类及发生危害规律等基础研究，开展中药材病虫害绿色防控技术、农药替代防治技术及产品的研发和应用，从源头杜绝或少用化学农药，保证药材质量安全。

2. 推进中药材农药登记工作

农药登记是目前国际上通行的农药管理制度。大多数国家通过建立农药登记制度，全面科学评价农药的有效性和安全性，有效防控农药风险。由于中药材种类多，种植面积相对小，农药市场效益低，农药企业缺乏登记动力，导致目前中药材相关农药的登记品种"寥寥无几"。迫切需要推动中药材农药登记工作，使更多的农药在药材上合法、合理使用。

3. 普及病虫害防治相关知识

目前，我国中药材种植者普遍缺乏病虫害防治相关知识，大部分药材种植者分不清害虫与天敌，常常是依照农药经销商的推荐，购买和施用农药。因此，对药材种植者开展病虫害防治相关知识的普及和培训十分必要，使之掌握农药安全使用的技术，保证中药材的质量安全。

第二节　中药材草害及绿色防控

农田杂草具有多实性、连续结实性、落粒性强的特点，又因其遗传上有多种授粉途径而具有较强的远缘亲和性，因此，农田杂草具有顽强的适应性和繁殖力。杂草根系发达，与农作物竞争水分、养分的能力很强，致使农作物减产；杂草还占据着农作物生长发育的空间，影响光合作用，抑制农作物生长。杂草还使田间透气性差，这给病害的传播、蔓延提供了适宜的环境，扩大了病原菌和虫源基数，加重了危害。另外，杂草的孳生，增加了田间用工，提高了农业生产成本，给农业带来了极大的损失。在中药材生产中每年因杂草引起减产的比例在 5%~10%，严重的地块，减产 30% 以上。

一、田间杂草的生物学特性及分类

（一）田间杂草的生物学特性

杂草种子具有抗逆性强、多实性的特点。绝大部分杂草的结实力高于一般农作物的几十倍甚至更多，如 1 株藜可产上万粒种子，1株反枝苋可产12万粒种子。杂草种子的千粒重小于农作物种子，一般在10g以下，非常有利于传播。杂草的传播方式有很多，如菊科等果实上有冠毛（如蒲公英），可随风传播；有的杂草果实有钩刺（如苍耳、鬼针草），可随其他物体传播；有的杂草种子可混在作物种子里、饲料里或肥料中传播（如稗草），也可借交通工具、农具等传播。杂草种子具有寿命长、发芽率高、早熟性的特点，但成熟度不齐。如芥菜从播种到结出有活力的种子大约42天，马唐开花后4~10天就能形成发芽的种子，比作物种子成熟早得多，即杂草在作物收获前就已完成生活史。成熟度差异大，休眠期长短也不同，所以出草期很长。杂草种子还具有可塑性，即使生活条件不好，也能开花、结实。杂草的营养繁殖力和再生力很强。如草的根在地下为根状茎，狗牙根在节的部分长出不定根和芽，苣荬菜、刺儿菜、蒲公英、田旋花、打碗花靠根顶端产生的不定芽进行繁殖，这些均为营养繁殖；大刺儿菜种子播种后19天就开始产生根，进行无性繁殖；马齿苋被铲除后，经暴晒数日，仍能发根成活。

（二）杂草分类

中药材田杂草多为旱地杂草，主要从以下几个方面分类。

1. 按形态学分类

（1）禾草科　叶片长条，叶脉平行，茎切面圆形。

（2）莎草科　叶片长条，叶脉平行，茎切面三角形。

（3）阔叶草类　叶片宽阔，叶脉网纹状茎切面圆形或方形。

2. 根据其生活周期、繁殖特点等生物学特性分类

（1）一年生杂草　一年繁殖1代或数代，多为春季发芽、出苗，当年开花、结实，秋冬季死亡。如马齿苋、铁苋菜、马唐、稗、鳢肠、异型莎草、碎米莎草等。

（2）二年生杂草　野燕麦、看麦娘、波斯婆婆纳、猪殃殃、

播娘蒿等。

（3）多年生杂草　结实后仅地上部死亡，第二年春季从地下根状茎、鳞茎、块茎、匍匐茎、根桑、块根、肥大的直根等产生繁殖体，如赖草、狗牙根、芭英菜、刺儿菜、蒲公英等都是利用营养繁殖器官多年生长，其中一部分种子还能生长发育。

根据芽位和繁殖器官分：地下芽杂草（刺儿菜、双穗雀稗、香附子、水莎草、野慈姑、小根蒜、车前）；半地下芽杂草（蒲公英）；地表芽杂草（蛇梅、艾蒿）。

按生长习性即杂草茎性质分：草本类杂草（大部分杂草）；藤本类杂草（打碗花、葎草、乌敛莓）；木本类杂草（森林路旁环境杂草）；寄生杂草（菟丝子、列当、独脚金）。

中药材地常见的杂草主要有稗、狗尾草、画眉草、马唐草、牛筋草、看麦娘、狗牙根、白茅、反枝苋、马齿苋、小鸡冠、萝蓙、猪毛菜、独行菜、荠菜、水花生、灰灰菜、田旋花等。这些杂草不仅与药材争夺土壤中的营养和水分，而且还恶化环境，传播病虫害，严重影响中药材的产量与质量。

二、化学除草

中药材田杂草危害十分严重，可选用化学除草剂来防除杂草。人工除草不仅增加种药成本，而且人工除草质量很难保证。选用化学药剂除草不仅省钱，而且比较彻底、可靠，在科学使用的前提下能收到较好的防除效果。

（一）播前灭草

化学除草应以药材播种前土壤施药为主，争取一次施药便能保证整个生育期不受杂草危害。播前土壤处理常用药剂如下。

（1）48%氟乐灵乳油　氟乐灵杀草广谱，对一年生靠种子繁殖的禾本科杂草及小粒种子的阔叶杂草，如苋科、黎科、马齿苋等，田间有效期60~90天。

喷药时间：于种子类药材播种前 5～10 天，杂草萌发出芽前，每亩用 48% 氟乐灵乳油 80～100ml，对水 30～40kg，对药田表土进行均匀喷洒处理。因氟乐灵易挥发和光解，应随喷随进行浅翻，将药液及时混入 5～7cm 土层中，也可喷药后随即浇透水，但效果不如浅翻土。施药后 7～10 天可播种，除草效果可达 90% 以上。

氟乐灵对出土的杂草不能除掉，对多年生宿根植物的根无效，小麦、高粱、菠菜、甜菜地里不宜使用。

（2）50% 乙草胺乳油　该药剂主要通过地上部分吸收药液后，抑制蛋白质合成，使芽和根停止生长，而导致杂草在出土前、出苗时和出苗后不久死亡。对多种一年生禾本科杂草有特效，并可兼除部分小粒种子的阔叶杂草。

喷药时间：播种前或后，必须在杂草出土前施用。每亩用该剂 70～75 ml，对水 40～60kg，均匀喷雾土表，但禾本科药材对乙草胺比较敏感，不宜使用。实践证明：本药剂对板蓝根的生长有一定抑制作用，小面积种植最好不用除草剂。对播前土壤未施药或效果不理想的田块，要进行人工除草。

（二）播后除草

1. 播后苗前除草

大多数中药材播种后 15～30 天出苗，这期间将有很多杂草萌发生长，这不仅消耗土壤中水分和影响土壤升温，还将推迟出苗时间。因此，在杂草见绿，药材尚未出苗前，氟乐灵等中药材种前除草剂，可有效地除掉马唐草、狗尾草、牛筋草、马齿苋、藜草等，对一般双子叶和单子叶杂草都有很强的杀伤力。一般的中药材品种都可用，但生地等品种不可使用，旱半夏和南星可以灌地用。中药材种后苗前除草剂二甲戊灵，使用简单，在播种完后就可喷施，不用混土，封闭效果好。一般的中药材品种，如白术、木香、山药、甘草、沙参、白芷、防风、射干、板蓝根、黄芪、知母、黄芩、南星、牛夕、半夏、桔梗、远志、柴胡、蒲公英、鸡冠花、丹参等都可以使用。二甲戊灵是选择性芽前除草剂，具有内吸传导性，药剂通过幼芽幼茎和根吸收，抑制幼芽和次生根分生组织细胞分裂，从而阻止杂草幼苗生长而导致其死亡，能有效防除一年生禾本科杂草和部分阔叶杂草。但每季作物只允许使用一次。

2. 苗后除草剂

通用除草剂精喹禾灵，对阔叶作物田的禾本科杂草有很好的防效。一般的中药材品种都可以使用，在长出真叶后使用。喷施后被杂草吸收，在其体内从上向下双向传导，使杂草坏死；防效高达98%，持效期长达30天，低残留，在土壤中降解速度快，对后茬作物无残留药害；施药后24小时药液就会传遍杂草全株，2~3天内变黄，5~7天后整株枯萎死亡；能快速被植物吸收传导，施药后1~2小时内遇下雨、低温等环境对药效均无影响。防除的杂草有马唐、狗尾草、野燕麦、雀麦、白茅等一年生禾本科杂草。

（三）专用中药材除草剂

虽然精喹禾灵能防除禾本科杂草，但不能防除阔叶杂草，现介绍3种专业的中药材除草剂。

（1）豆科中药材专用除草剂　新型广谱高效，内吸传导型豆科中药材苗后除草剂，能防除豆科中药材田中的一年生禾本科杂草、阔叶杂草、克服其他苗后除草剂只杀禾本科杂草不杀阔叶草的缺点，特别适合种植密度大、人工除草困难的豆科中药材基地除草，省工且省力。适用作物：黄芪、甘草、三叶草、草木犀、决明子、葛根、苦参、沙苑子等豆科中药材。

（2）伞形科中药材专用除草剂　适用作物：白芷、蛇床子、柴胡、防风、川芎、当归、羌活、茴香、北沙参等伞形科中药材。

由于黄芪、沙苑子等豆科植物和白芷、北沙参等伞形科植物发芽较早，苗后除草需等杂草基本出齐，在杂草生长旺期2～4叶期喷施效果最好。

（3）唇形科中药材专用除草剂　广谱高效，内吸传导型唇形科中药材苗后除草剂，能防除唇形科中药材田中的一年生禾本科杂草、阔叶杂草、莎草科杂草及部分多年生杂草。适用作物：黄芩、荆芥、藿香、丹参、薰衣草、香紫苏、夏枯草、半枝莲等唇形科中药材。

（四）使用化学除草剂应注意事项

须注意化学除草剂的选择性、专一性、时间性，不可误用、乱用除草剂，防止杀死药苗。严格掌握限用剂量，应综合具体土质，考虑农田小气候，严格按药品说明的剂量范围、用药浓度、用药量使用。合理混用药剂：两种以上除草剂混合使用时，要严格掌握配合比例和施药时间及喷药技术，并要考虑彼此间有无颉颃作用或其他副作用。此外，还要考虑混合剂增效功能，使用时要降低混合剂用量，以免发生药害，保证药材安全。掌握好使用除草剂的最佳时间和操作技术要领，妥善保存好药剂，防止错用。注意环境条件对除草剂的影响，温度、水分光照、土壤类型、有机质含量、土壤耕作和整地水平等因素，都会直接或间接影响除草剂的除草效果。

三、绿色防控对策

以农业生态学为基础，建立健全综合治理体系，以有效控制杂草的危害及蔓延，将草害降低到最低限度，达到增产、增收、增效的目的。

（一）消灭杂草种子

大多数杂草都是以种子繁殖，所以消灭杂草种子是综合治理体系中最主要的一环。一是要采用精选过的不混草籽的优良良种；二是不施用未腐熟的有机肥；三是在田间杂草未成熟之前，采用人工或化学清除，以防种子落入农田；四是深翻晒垄，深浅轮耕，以减轻多年生杂草的危害。

（二）建立合理的轮作倒茬制度

在杂草发生严重的地块，实行合理的轮作倒茬，改变杂草的生态环境，减轻草害发生。中药材和大、小麦、玉米等不同作物采用地膜栽培与露地栽培轮换，可有效防止地肤、灰绿藜、野燕麦等杂草成为优势群落，减少了杂草的数量。同时也可防止中药材霜霉病等病害的发生。

（三）合理密植，以苗控草

中药材种植区可根据不同地块土壤的肥力情况，在合理的范围内适当增加密度，最大限度占据田间生长空间，减少杂草的竞争环境，以达到控制草的目的。

（四）使用有色地膜，封闭除草

中药材使用地膜覆盖，虽保墒增温，增产作用明显，但也有利于杂草孳生繁殖，在杂草刚萌发时，在地膜上覆盖 1~2cm 厚的土层，可以控制全生育期的杂草危害。地膜的压膜除草时间必须要合适，压膜时间过早，则地膜的前期增温作用就发挥不出来，压膜时间过晚，则杂草容易疯长，造成草"吃"苗现象，严重影响中药材的产量。

黑色等有色地膜可以防除光敏性杂草，试验证明：黑色地膜对膜下杂草的防除效果近于 100%，但对中药材前期生长有一定的影响，覆盖黑地膜的中药材生育期较白地膜晚 7~10 天。同时幼苗抗逆性有所降低，易出现死苗现象。因此各种植区要根据本地实际情况来决定是否使用黑地膜。

（五）人工防除

对田间少量的多年生杂草如刺儿菜、田旋花等和后期行间的大龄杂草，可结合间定苗时期人工拔除。

第八章 中药材重金属污染及无公害绿色生产

近些年来，随着工农业的发展，中药材产业也迅猛增长，但野生中药材资源不断减少，人工栽培成为解决中药材资源短缺的主要方式。同时由于生态环境的恶化，农药、化肥的不合理使用，硫黄熏蒸过度等不规范操作，导致中药材品质低劣，重金属、农药残留等有害物质增加，中药材的安全性已成为全社会关注的焦点，成为中药材生产亟待解决的问题。中药材无公害绿色生产技术的实施减少了农药及化肥使用，降低中药材重金属污染，有助于生态环境和谐，在推广过程保障了"青山绿水"，实现了中药材的"优质优价"。

第一节 中药材重金属污染

一、重金属及其危害

重金属是指比重大于 5 的金属（一般来讲密度大于 4.5 g/cm^3 的金属）。按照目前的国际标准，中药材关注的重金属主要包括铅（Pb）、镉（Cd）、汞（Hg）、铜（Cu）、砷（As）等。尽管锰、铜、锌等重金属是生命活动所需要的微量元素，但大部分重金属如汞、铅、镉等并非生命活动所必需，重金属不能被生物降解，相反却能在食物链的生物放大作用下，成千百倍地富集，最后进入人体。

土壤重金属污染具有持久性的特点。与有机污染物不同，重金属在土壤中不能被降解，而只能通过植物吸收移离土体或通过化学形态转化降低其毒性。其次，土壤重金属污染具有隐蔽性特征。虽然，重金属污染土壤可影响农产品的卫生品质，但在很多情形下，重金属在土壤中的存在并不导致农作物的明显减产。因此，土壤重金属污染不太容易被人们所察觉。土壤重金属污染的危害表现为通过食物链导致人体摄入过量的重金属而中毒。

同时随着城市化，工业化等人类活动对全球环境的影响，这些重金属在水中不能被分解，在微生物的作用下能够转化为毒性更强的金属化合物。生物从环境中摄取重金属，经过食物链的生物放大作用，在较高级生物体内富集。中药材一旦被重金属污染，将可能对人体产生潜在的威胁，尤其是体弱多病者往往解毒功能较差，造成的危害比常人更大。因此，重金属对人类乃至所有生物的危害已引起世界各国的重视，进口中药材和中成药的国家和地区对中药材、中成药的重金属含量都提出了严格要求；我国也明确规定，在中草药制成的注射剂中，重金属含量不得超过 0.15mg/kg，在其他药品中，不得超过 20mg/kg。

二、重金属污染现状

文献报道，对全国常用 300 余种中药材检测后发现，一些中药的重金属含量远远超过世界卫生组织和国际粮农组织规定的基线值。有些学者也检测了 100 种中药材中铅、镉、砷的含量，测定结果显示绝大部分中药材含有一定量的重金属，部分药材中含量还很高。铅、镉、汞、砷、铜的超标率分别为 9.66%、26.35%、13.0%、9.32%、16.09%，镉和铜仍是这 5 种重金属中超标最为严重的 2 种金属（图 8-1）。主产于甘肃陇南的白茯苓、天麻、丹参、葛根等 20 种地产药材中也不同程度地检出重金属铅、砷、镉、铜元素，且刺五加中镉含量超标；砷的超标污染率为 3.03%。因此，我国的中药材重金属污染形势相当严峻。

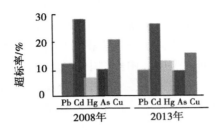

图 8-1　我国中药材重金属总体污染水平
资料来源：赵连华等（2014）

中药材重金属污染是一个长期而复杂的问题，不同产地中药材重金属污染情况不同，污染种类也不相同，这与各个产地的土壤、空气、灌溉用水以及工业发展情况有着密切的联系，也与中药材品种、入药部位、生长环境等诸多因素有着密切的关系。中药材重金属污染已成为当前中药材生产中亟待解决的重要问题，分析中药产品中的重金属元素超标的原因及对策，探讨中药材无公害绿色生产势在必行。

三、重金属污染的来源

中药材重金属污染来源主要有 4 条途径：一是来源于其生长的土壤（植物药），或其食物（动物药），或其形成时的物质（矿物药）等自然界环境的污染，包括大气、水、土壤的地质背景等，动物通过食入植物类食物而污染；二是由于植物的自身遗传特性能使其主动吸收重金属元素；三是工业"三废"排放到土壤、空气中后药材被动吸收，以及施肥与病虫害防治过程中化肥、化学农药中的重金属被药材吸收；四是中药材在采集、运输加工成饮片过程中的污染。

（一）中药材生长环境

中药材中的重金属主要来源于中药材生长的土壤，土壤中重金属元素的多少，直接决定着药用植物中重金属含量的多少。一般情况下，重金属积累在土壤表层 0~20cm 的土层并不断地在自然环境中迁移运动。不同土壤中累积的重金属元素的种类和数量往往有所不同。研究表明，中药材中重金属元素的含量与地质背景有密切的关系。一般来讲，土壤中重金属元素的多寡，在药用植物中都有所表现。另外中药材生长所在地的大气环境质量也对其重金属含量的多少有所影响，大气中重金属污染严重，尤其是各类厂矿企业排出的废气，如有色金属冶炼厂、钢铁厂的烟尘含有铅、锌、汞、砷等多种重金属。废气降落到中药材叶片主动或被动吸收，使中药材受到污染。或由于中药材生长地的水源受到重金属污染尤其是利用工业废水进行污灌，重金属沉积到土壤中，造成土壤重金属富集，导致中药材对重金属主动或被动吸收。

（二）中药材自身特性

植物在进化过程中，其进化层次、个体发育、遗传特性以及生理代谢各方面都有差异。重金属元素在植物体内以多种方式参与生理活动，有许多重金属与细胞壁结合，也有的与酶发生作用。由于不同植物的基因不同，因此就有不同的酶，这些不同的酶就产生不同的生化反应，反应产生的代谢物就是中药材的有效成分。由于不同的酶需要不同的金属参与代谢，植物根据自身的特点主动吸收不同的金属离子。大量研究结果证明植物对某种金属元素具有生物富集能力，同时，土壤中含量高的某种元素会使植物被动吸收，这也是导致中药材重金属超标的因素。

（三）农药、肥料对中药材的污染

中药材种植过程中，一方面需要施加化肥为中药材提供充足的肥料，各类化肥生产过程中混有有害的重金属，如工业磷肥中的镉、砷、硼、氟等含量较高，长期使用造成土壤中重金属积累，从而导致中药材重金属污染。另一方面为防治病虫害的发生，给中药材喷施农药，但一般有机农药含有砷、铜、汞、铅、锌等重金属，这样，重金属就通过叶面和根吸收，转运到植物体内各部分，导致中药材污染。

（四）中药材加工储存带来的重金属污染

中药材仓储过程中，由于多数经营中药材的企业仓储条件有限，为防治霉变、虫害、鼠害，需要用含有重金属的有机药剂熏蒸，导致中药材重金属污染。

四、重金属限量标准

（一）我国有关中药中重金属限量标准

自 20 世纪 80 年代初期开始，我国中成药工业就开始推行药品 GMP（Good Manufacture Practice）制度，作为中成药生产原料的中药材生产也要求执行 GAP（中药材生产质量管理规范）。我国目前现有的各项标准参差不齐，有国家药典标准、部颁标准和地方标准。

为促进中医药走向全球化，更好地参与国际医药市场的竞争，2001 年 7 月 1 日，国家对外贸易经济合作部制定并颁布的《药用植物及其制剂进出口绿色行业标准》（WM2—2001）在全国正式实施。这是我国第一个中药进出口质量的标准，也是中药行业的第一个绿色标准。2005 年 2 月 16 日，中国医药保健品进出口商会提出的《药用植物及制剂外经贸绿色行业标准》（WM/T 2—2004）发布实施，代替了原标准 WM2—2001。其药用植物及制剂的限量指标中，重金属总量应 ≤ 20.0mg/kg，铅（Pb）≤ 5.0mg/kg，镉（Cd）≤ 0.3mg/kg，汞（Hg）≤ 0.2mg/kg，铜（Cu）≤ 20.0mg/kg，砷（As）≤ 2.0mg/kg。

《中华人民共和国药典》2000 年版新增有机氯类农药残留测定法，仅对黄芪、甘草农药残留规定了限定标准，而其他药材并未涉及。规定在甘草、黄芪中有机氯农药残留量六六六（总BHC）不得超过 0.1mg/kg、滴滴涕（总 DDT）不得超过 0.1 mg/kg、五氯硝基苯（PCNB）不得超过 0.1mg/kg 的法定标准，但对其他类农药并无规定。2005 年版对国内中药产品的无公害标准做出强制性规定，此次规定的核心内容是中药产品中的重金属及砷盐、黄曲霉素、农药残留及微生物含量必须不超标。2010 年版中采用原子吸收或电感耦合等离子体质谱法测定重金属和有害元素的方法，对甘草、丹参、黄芪、金银花、西洋参、白芍、阿胶及枸杞子 8 种药材中的重金属量进行测定，规定上述药材中重金属及砷盐的限量指标与《药用植物及制剂进出口绿色行业标准》中所规定的绿色药用植物及制剂的相一致。

（二）国际上有关中药材中重金属限量标准

随着中药在全球的兴起，越来越多的国家开始重视中药的质量控制问题。20 世纪 90 年代，国际上使用中药的国家和地区，开始关注出口到本国（地区）中药中重金属限量问题，虽然各国对中药材中重金属限量标准不同，但对中药材中重金属含量也都制定了明确的限定标准，见表 8-1，其中美国的标准比较严格。

表 8-1　部分国家和地区中药材重金属限量标准

国家及地区	总重金属（mg/kg）	Pb（mg/kg）	Cd（mg/kg）	Hg（mg/kg）	As（mg/kg）	Cu（mg/kg）	适用范围
美国	10~20	3~10	—	3	3	—	草药
加拿大	—	10	0.3	0.2	5	—	草药
英国	—	5	—	—	5	—	草药
日本	50	20	—	—	2	—	生药
韩国	30	5	0.3	0.2	3	—	植物性生药
欧盟（EU）	—	5	0.5	0.3	—	—	草药
WHO	—	10	0.3	—	—	—	草药

第二节　中药材无公害绿色生产

中药材资源是国家战略资源，是人类健康用药需求和中医药事业发展的物质基础与根本保障，中药材资源的可持续利用是社会经济可持续发展的前提和基础。中药材资源原料消耗量的激增，加速了自然资源的耗竭和人工替代与补偿资源的大量生产，同时产生巨量的废弃物和环境承载压力，由此导致诸多的生产和安全问题。无公害绿色中药材是指无污染、安全、优质的中药材。中药材无公害绿色生产是一项系统的工程，生产无公害、优质的绿色中药材，是提高中药产量和质量的重要环节。

一、无公害绿色生产的重要意义

（一）中药材无公害绿色生产是中药产业发展的基础

中药材是中药产业发展的基础。规范中药材无公害绿色化生产，生产出无公害、高质量的中药材，是保证中药制药业健康发展、保护中药材资源的唯一途径，为此，国家发展和改革委员会专门下发了"现代中药产业化专项实施方案的通知"，拟通过示范中药生产过程中的一系列高技术成果，建设一批不同类型的中药高技术示范性工程，提高中药的二次开发能力，培育一批具有国际市场竞争力的企业，推动中药产业的技术跨越，变传统中药产业为现代中药产业。近年来，由于医药工业的快速发展，中药材应用领域迅速拓宽，价格持续上涨。为保护中药材资源，人们开始尝试人工栽培、种植中药材，但是传统的中药材栽培方式存在着药效不稳定、农残超标、重金属超标、产品质量低等问题，这种状况既影响了中药材的使用价值，也严重制约了药品企业的发展。目前，围绕农村种植结构的调整，中药材种植已经成为我国广大农民在产业结构调整中首选项目，经多年的生产实践，已取得了较好的经济收入和较成熟的管理经验。为实现中药材生产现代化，必须首先实现中药材生产的产业化和规范化，充分依靠当地的自然资源优势，突出地域特色，大力发展中药材种植业，坚持高标准、高起点、高科技的原则，以提高中药材的质量。

（二）中药材种植促进地区农村经济发展和农民增收

由于我国地理环境复杂，海拔高低悬殊，形成强辐射、寒冷干旱、缺氧的特殊自然资源，使境内生产的不少中药材含有特殊的化学成分，能抵抗众多逆境条件下的疾病或疑难杂症，这是其他地方同种药用植物所不能替代和无法比拟的，而这种无可替代性，为我国的中药材产业化开发提供了先决条件，并赋予一些道地药材的唯一性。近年来，随中药材价格的上扬以及野生中药材资源的衰竭，家栽中药材面积不断扩大，我国的中药材种植已经成为一些地区农村经济发展和农民增收致富的支柱产业。

（三）中药材无公害绿色生产有利于中药的现代化，提高市场竞争力

中药的现代化必须解决重金属含量超标问题。有效地控制中药材重金属含量超标，应从中药材生产的源头抓起。我国实施《中药材生产质量管理规范》（简称 GAP），其目的是为保证中药材质量，其中包括对中药重金属限量的严格控制。近年来，世界各国对天然药物的需求日益扩大，尤其对绿色药品尤为关注。世界植物药市场年销售额高达 400 亿美元，并以每年 10% 的速度递增，我国作为植物药生产的大国，但由于中药中的重金属、农药等原因的影响，无法在国际中药材市场大展宏图，中药出口额约6 亿美元，仅占世界植物药材市场的 3% ~ 5%，这与我国中药大国的地位极不相称。中药材有效成分的不确定与农药、重金属等有害物质的残留量超标，是中药跻身世界的两大障碍，中药材无公害绿色化生产有利于降低农药、重金属等有害物质的残留量，提高市场竞争力。

（四）中药材无公害绿色生产是施行中药材生产质量管理规范（GAP）的具体体现

中药材标准化是中药现代化和中药国际化的基础和先决条件。中药标准化包括中药材标准化、饮片标准化和中成药标准化。其中，中药材标准化是基础，没有中药材的标准化就不可能有饮片和中成药的标准化。而中药材的标准化有赖于中药材生产的规范化，因为中药材是通过一定的生产过程形成的。中药材的生产是整个中药一系列生产的源头，只有抓住了源头才能从根本上解决中药的质量问题及其他问题。国家药品监督局 2002 年颁布实行的《中药材生产质量管理规范（GAP）》（试行），为我国中药材的生产和质量管理提供了相应的理论依据和法律规则。GAP 从产地生态环境、种质和繁殖材料、栽培与养殖管理、采收与初加工、包装、运输与贮藏、质量管理、人员和设备、文件管理等方面规范了中药材生产，是保证中药材质量，促进中药标准化、现代化的重要措施。中药材无公害绿色化生产则以土壤、水、空气环境达标的基础上，通过中药材种子培育、中药材栽培过程中化肥、农药的合理使用等，实现中药材生产的质量达标。

二、无公害绿色生产质量控制措施

随着中药材产业的增长和对外贸易的发展，野生中药材资源逐年减少，人工种植是解决中药材资源问题和确保中药资源可持续发展的重要手段。我国常用中药材 500 多种，已建立了 200 多个中药材的规范化生产基地。但由于我国中药材栽培生产过程不规范，加工、流通、贮藏、运输等过程质量控制不严格，生产地环境污染、药材农药残留、重金属等有害物质超标，导致药材质量稳定性、安全性、可控性较低，严重影响了我国中药材质量安全与贸易。安全、无污染、优质无公害中药材生产越来越受到社会的关注，因此急需加强中药材生产的安全管理以保证药材的质量。无公害质量控制措施是根据《中药材生产质量管理规范》（GAP）的要求，中药材产地的环境应符合国家的相应标准（空气应符合大气环境质量二级标准，土壤应符合土壤环境质量二级标准，灌溉水应符合农田灌溉水质量标准）而进行无公害绿色生产，提高产品的市场竞争力。

（一）基地选择

种植基地的选择包括生态区域的选择和种植（生产）基地的环境质量评价两个层面。

1. 生态区域的选择

同一基源植物的中药材，由于产地、气候、土壤、水质、经纬度等生态环境不同，其外观性状和内在品质及药效也有所不同，水、热、光等外界生态环境条件危害因子直接影响到中药材的质量。按产地生态适宜性优化原则、因地制宜、合理布局，选定与道地中药材和主产区中药材生态相似度高的生态区域，按照无公害绿色中药材产地环境质量标准，建立生产区域和种植区域，使该区域的环境生态条件与药用植物生物学特性相符合。选择适宜的前茬，合适的土壤质地，土壤肥力、土层厚度和地块坡度等，以满足生长发育的要求。

2. 种植（生产）基地的环境质量评价

产地环境质量是影响无公害绿色中药材质量安全的主要因子之一。自然界环境的污染包括大气、灌溉水质、土壤的地质背景等。远离污染源（工业区、化工区），选择生态环境良好区域，经过产地环境指定部门的监测，土壤符合国家土壤质量二级标准，空气符合国家大气环境质量二级标准，灌溉水符合国家农田灌溉水质量标准。并定期对种植基地及周边环境水质、大气、土壤进行检测和安全性评价。采用充分腐熟的有机肥作基肥，或采用深施的办法，控制有机肥中病菌可能对产品的污染。了解和控制前茬作物农药的施用情况，合理地规避土壤中可能存在农药残留的风险。前茬以豆类、油菜、马铃薯、玉米及小麦最佳，忌根类药材连作。气候条件，应选择中药材品种所需最佳气候区域。土壤条件，选土层深厚、疏松肥沃、排水良好、灌溉便利的土壤种植。

（二）品种选择与种植

种子种苗的质量影响到中药材质量与产量，选用优良的种子种苗是保证无公害中药材质量的关键，避免人、财、物的损失。如我国引种的西洋参因种子退化，致使栽培的西洋个大而质劣，直接影响药效。考虑种子的生物学特性，选择适宜的种子，并选择抗病、抗虫、健康饱满、个大的品种，有利于种子发芽、生长，可有效地控制、降低中药材生长过程中农药的使用。种子种苗需要进行检验检疫，质量符合国家标准，要有相应登记证明，并按照 GAP 规范进行管理。

1. 品种选择

（1）种子质量　要求纯度≥80%，净度≥80%，含水量、发芽率达到药材品种的优良等级，外观具本品种色泽，无霉变。当归禁用"火药籽"。

（2）品种选择　当归选择岷归；党参选择纹党、潞党；柴胡选择北柴胡、南柴胡；黄（红）芪选择蒙古黄芪、膜荚黄芪、米仓红芪；大黄选择掌叶大黄；黄连选择川黄连；甘草选择乌拉尔甘草。

（3）种子处理　播前除去杂质、秕籽、霉变、虫伤等种子。一般播种前应采用温水浸种催芽，待种子露白后播种。柴胡、黄（红）芪、黄连种子需要沙藏处理。黄连种子必须保持新鲜湿润。

2. 播种育苗

育苗地选择阴凉潮湿，日照时间短，光线弱且斜射，遮阴条件良好。选坡度≤25°的二阴坡地，土层深厚肥沃的生荒地最好。

（1）播种　当归在芒种、夏至前（6月上旬）；党参春播在3—4月土壤解冻后，秋播在10月土壤封冻前进行；黄芪在土壤解冻至清明前播种。播种量根据药材品种、种子出苗率等适时适地掌握。

（2）苗床管理　出苗后，待苗齐且苗高达到适宜苗龄时，及时松土，拔除杂草。黄连育苗床要求遮阴。

3. 定植移栽

（1）整地作垄　当归一般起垄栽培，垄宽60~80cm，垄高23cm，垄距33cm；党参一般采用平畦；黄芪一般采用高畦。

（2）时间　春播苗当年秋季或次年春定植；秋播苗次年秋定植。当归移栽以春栽为主，一般春分开始，清明大栽，谷雨扫尾；黄芪，春季惊蛰至清明之间定植；红芪，秋季入冬前定植。

（3）出苗　苗不全时及时补苗；苗高5cm以上时，结合第一次中耕间苗；苗高8cm时按品种株距要求定苗。

（三）田间管理

中药材的田间管理主要包括水、肥、药的施用与管理。使用禁用农药或不按规定使用农药造成农残超标，以及肥料中的有害物质和使用有机氯类、有机磷类、拟除虫菊酯类等高毒、高残留的农药，水分管理不当影响中药材质量。施用高效、低毒、低残留的农药和生物制剂农药，使用无公害肥料，做好田园卫生，严格执行《中华人民共和国农药管理条例》，农药、肥料等要有相应登记证明。所施有机肥充分腐熟达到无公害卫生标准，对有机肥的施用采取点施或深施，减少有机肥可能对种植中药材直接或间接地接触；筛选重金属含量低的化学肥料，禁止施用城市生活垃圾、工业垃圾、医院垃圾，保护生态环境。

1. 施肥种类

药材允许使用的肥料种类包括堆肥、沤肥、厩肥、沼气肥、绿肥、作物秸秆肥、泥炭、饼肥等农家肥和商品有机肥、有机复合肥等。化肥包括氮肥、磷肥、钾肥、硫肥、钙肥、镁肥及复合（混）肥等。禁止使用硝酸盐类无机肥料、未腐熟的人畜粪尿、未获准登记的肥料产品和未经无害化处理的城市生活垃圾等。

2. 施肥方式

基肥结合整地深翻施肥，提倡使用有机肥，并混以化肥。追肥种类和用量依据药材品种需肥特性和药材田间生长情况灵活掌握，但收获前 30 天内不得追施无机肥。

3. 及时中耕

中耕除草要求浅锄，细锄多次。黄连根茎分枝多，要每年培土，促进根茎发育。当归在中耕时及时拔除"起苔"的植株，以免与正常株争夺养分。

4. 中药材栽培不提倡使用激素，限制施用除草剂。

（四）病虫害防治

无公害绿色生产中药材，病虫害防治是关键的一环。病虫害直接影响中药材质量与产量。中药材病虫害防治一般采用化学农药防治，造成许多严重的副作用，过量施用农药或施用农药不当，不但使中药材中农药残留超过允许的标准，而且致使中药材有效成分含量降低。一方面，由于中药材的种植者缺乏基本的植保常识，未重视农药残留问题，滥用农药的现象十分严重。有些药材的种植者对农药的选择标准是高效、便宜，很少顾及农药毒性及高残效对中药材质量的影响。为保产增收，种植者施药次数频繁，且经常是几种高毒农药混配使用，特别是在虫害严重时期，使用农药的浓度加倍，不仅杀死了大量病虫害的天敌，而且使得病虫抗药性增加、防治成本和防治难度越来越大，同时造成了中药材中农药残留超标，加重了农药在药材产区周边环境中的残留，害虫的抗药性问题，水、土壤等环境污染问题，给药材生产带来了持续性的危害，形成了难以逆转的恶性循环，使药材质量越来越差。另一方面，中药材从环境中被动吸收一些高残留农药，某些农药长期单一使用，导致病虫害产生抗药性，迫使药农提高农药的使用量和使用浓度，增加使用次数。如宁夏、内蒙古枸杞生产区常年发生的多种病虫害，全部采用化学药剂防治，缺乏病虫无害化治理技术，导致枸杞农药残留严重超标。控制农药的使用剂量、方式和期限，设置安全间隔期，严禁使用违禁农药或剧毒农药；减少农药使用量，使用无公害农药，进行物理、化学、生物、农业的综合防治，并将各种防治病虫害的技术形成一个综合防治体系。以农业和物理防治为基础，加强生物防治，按照病虫害的发生规律，科学使用化学防治技术，有效控制病虫为害。采取剪除或拔除病虫株、清除枯叶烧毁或深埋、科学施肥、轮作倒茬、深翻土地后阳光暴晒等措施抑制病虫害发生。利用黄色粘虫板、银灰反光膜、频振杀虫灯、荧光灯、糖醋液等方法诱杀驱避害虫。积极助迁、保护利用天敌。可选择利用阿维菌素、高效 Bt 杀虫剂、农抗 120、农用链霉素等生物药剂防治病虫。加强病虫害的预测预报，根据防治对象的生物学特性和危害特点，做到有针对性的适时用药，鼓励使用生物源农药、矿物源农药和低毒有机合成农药，有限度地使用中毒农药，禁止使用剧毒、高毒、高残留农药。

（五）采收

采收时间也影响中药材质量。根据药材质量并参考传统采收经验确定适宜采收方法，严格按照安全间隔期，合理确定采收时间，防止在农药的降解期未过就开始采收；采收时采收工具需要清洁、无污染，机械损伤也加重致病菌繁殖；采收需建立相应标准，避免在采收过程中导致有效成分流失。如薄荷在夏、秋季茎叶茂盛或花开至三轮时，选晴天分次收割，晾干。而在阴天收割的薄荷，其挥发油含量明显低于晴天收割的薄荷。采挖中药材的生育年龄依据品种确定。采挖时间多在秋季，当地上部叶片由绿变黄、干枯萎蔫时，先割去地上部茎叶，暴晒几天，再挖出根。采后抖净泥土，置于通风阴凉场所，待水分散失。当归、大黄、黄连需要熏制干燥。一般用慢火烘烤，切忌土炕焙干或大火烧烤。将已干制药材分级，按级分别捆扎包装，贮藏保管。

（六）产地加工

药材的产地加工是指药材在收获起土后的挑选、冲洗、整理、扎把、晾干、熏烤、切制等粗加工过程。此过程对药材质量产生重要影响。加工场地无污染源，清洁、通风。产地加工需建立相应初加工标准，药材加工方法如有改动需要充分实验数据支持，且不影响药材质量。除去非药用部分和杂草、异物，剔除破损腐烂变质部分。按规定进行清洗、切制、拣选、修整等适宜加工。控制适宜的温度、湿度，采用适宜方法干燥，慎重使用硫黄熏制，保证中药材不受污染、有效成分不被破坏。避免在初加工过程中有效成分的流失，如薄荷干燥时，不宜暴晒，以防挥发油损失。应特别注意避免药材加工过程人为造成二次污染。

（七）检验

检验是保证无公害药材质量的重要环节，包括药材性状、杂质、水分、灰分、浸出物、指标性成分或有效成分含量、农残、重金属及微生物限度等。加强基地例行检测和监督抽检。按照中国医药保健品进出口商会提出的《药用植物及制剂外经贸绿色行业标准》规定的绿色药用植物及制剂的重金属及砷盐限度标准：重金属总量 ≤ 20.0 mg/kg，铅（Pb）≤ 5.0mg/kg，镉（Cd）≤ 0.3mg/kg，汞（Hg）≤ 0.2mg/kg，铜（Cu）≤ 20.0mg/kg，砷（As）≤2.0mg/kg。严格按照我国有关中药中农药残留量限度标准、施行《农药合理使用准则》。中药材含有的细菌、真菌、病毒等微生物，在适宜条件下可大量繁殖；药材的生产、运输、贮藏和使用过程中也会出现微生物污染，对其进行评估检测，严格控制微生物污染的各个环节。目前我国尚未对中药材，包括饮片设定微生物限度检查。生产实践中微生物污染已是不容忽略的问题，明显影响饮片质量，降低有效成分含量。

（八）分级包装

为保证中药材质量和贮运，中药材经过产地加工后需要进行分级包装。不清洁的包装材料会造成产品交叉感染、二次污染。按照标准操作规程操作，包装容器每次使用前消毒处理，检查并清除劣质品和异物。须含有品名、产地、生产单位、批号、种类、贮藏条件、注意事项、包装日期等包装记录，所用包装材料清洁、干燥、无污染、无破损。

（九）存贮

中药材的存贮是保证药材质量的重要组成部分。存放地点选择不当，会导致病菌大量繁殖。贮藏前消毒杀菌，控制贮藏室温度和湿度，减少霉烂变质的情况发生，控制仓虫害。对于鲜用药材、特殊药材可以采用冷藏、沙藏等方式。当归、大黄需要起苗贮藏，时间在寒露前后。起出的苗子，去掉叶子，扎成小把，稍晾干，运回进行越冬贮藏。

（十）运输

中药材的运输具有相对独立性，选择适宜的运输工具，运输工具要无污染，通风条件好，干燥防潮，有效控制室内温度，保证中药材在运输过程中质量稳定。对于鲜用、贵重、易燃和毒麻等管制特殊中药材，要注意防腐保鲜，加强监管等措施，确保运输安全。

第九章　中药材质量管理与 GAP 实施

第一节　中药材质量管理

中药材是人们用来防病、治病、保健的特殊商品。作为一种特殊商品，自古以来中药材形成了"看货评级，分档议价"的经验质量评价方法，即中药材商品规格。我国著名中药学家谢宗万提出"辨状论质"是中药材品种传统经验鉴别之精髓的观点。"辨状"的内容包括辨药材的形状、大小、色泽、表面特征、质地、断面特征及气味等。"论质"则有两方面的内容：一是中药材的真伪，二是优劣评判。其中大小、色泽、气味、质地等具有量化概念或程度的性状特征，在判断中药材质量优劣中一直发挥着重要作用，是药材市场划分质量等级规格的基本依据。中药材的品质是指所收获药材产品的质量，中药材的质量直接影响中药产品的质量，直接关系到药材产品的经济价值。

一、提高中药材质量的主要方法

（一）无公害绿色生产

依据《中药材生产质量管理规范（GAP）》的要求，通过中药材的产地环境、种子种苗、土壤改良、合理施肥及病虫草害综合防治等为主的田间精细化管理，实现中药材无公害绿色生产，提高中药材的质量。

（二）适时采收与加工

产品符合国家《药用植物及制剂外经贸绿色行业标准》和《中华人民共和国药典》要求。根据中药材质量、产量、用途和市场需求综合确定生长年限和采收季节，做到适期适时采收。成熟期不一致的品种，进行分期采收。采收后运至晒晾场，摊开晒干。入库要求放于通风、干燥、阴凉处贮存待销。

（三）不同种类中药材的贮藏方法

中药材的贮藏保管是中药材整个流通过程中十分重要的一环。贮藏保管工作的好坏，直接影响到中药材的质量和疗效，关系人民的身体健康和国家、集体财产的安全。在我们日常生活环境条件下，许多动、植物类药材很容易受潮、发霉、生虫，这就使中药材保管工作更显得重要。

1. 根与根茎类药材

这类药材加工炮制成饮片后通常可采用石灰埋藏法和谷壳埋藏法。将这类药材先用纸包好，标注好名称，然后置于装有石灰的坛、缸、罐等密闭容器中，所用的填埋物恰好埋没所贮存药材为宜，置于阴凉干燥处保存。此法更多用于含糖类药材的贮藏，如黄精、麦冬、牛膝、天冬、党参、玄参、玉竹等，此类药材易吸潮而糖化发黏，且不易干燥，致使霉烂变质。利用这种方法可使药材与空气隔绝，防潮、防蛀。但因久贮易泛油、变色，故贮备量不宜过大。对于含糖量高、不易干燥的药材也可采用酒精贮存法。具体方法是：在存放药材的容器中放一装有酒精的瓶子，可将瓶口完全敞开或半敞开，最好将药材置于瓶口上部，最后将盛装容器密封即可。

2. 叶类与花类药材

叶类药材质薄而脆，容易破碎，在贮藏中不宜重压，如紫苏叶等。此类药材可经干燥加工后打捆或用筐篓盛装，放置在通风冷凉处。部分花类中药材在贮藏过程中不宜暴晒，以免影响花色，影响品质，常常采用石灰干燥的方法。如红花本身易吸潮霉变、变色，为了防止变质，可将干燥的红花放在缸内保存，缸底先放一些生石灰，上铺一层白纸，把红花摊在纸上，因生石灰能吸收水分，故能耐长期的存放，保持色泽不变。

3. 果实、种子类药材

一些果实、种子类药材因气含用挥发油、脂肪油、糖等成分而气味芳香，忌烈日暴晒，晒后易泛油（走油）、气味淡薄，有损品质，在贮藏时应注意防潮、置阴凉干燥处，如大枣、桃仁、杏仁、郁李仁、薏苡仁、柏子仁、八角茴香、莲子肉等。特别遇高温则其油易外渗，引起变质。因此，此类药材不宜贮藏在高温场所，更不宜用火烘烤，而是应放在密封的坛、缸、罐等内。如大枣富含糖类、黏液质及维生素 C 等，故易虫蛀或霉烂，在进行干燥时，又不易晒的过度。否则内部水分蒸发得过多，会使质地变得干枯发硬，影响品质；若晒得不足又因含水过多，易于霉烂。一般以晒至外皮皱缩、颜色变深，捏之柔软如海绵状为宜。置于干燥处保存，夏季易生虫，可采用酒精贮存法。

4. 皮类药材

皮类药材一般含水较其他类药材为少，通常是切制成一定规格晒干即可。对于比较贵重的品种，如肉桂为樟科植物肉桂的干燥树皮，含有挥发油（桂皮油）、少量乙酸桂皮脂及黏液质、鞣质等，贮藏时应注意防潮、防热，以免走失油分和发霉，可贮于密封的坛、缸、罐等内。

5. 茎、木及全草类药材

这类药材大多数经加工炮制后贮于筐篓内，置通风干燥处贮藏，防受潮霉烂变质，也有个别药材含挥发油成分，应贮于密封的坛、缸、罐等内。如沉香、白术等含多量树脂的木材，气味浓厚而持久，一般不易生霉和虫蛀，但因含挥发油约 13%，贮藏不当易走失香味，降低疗效，须置阴凉干燥处，密闭保存，切忌日晒、见光和受潮。

6. 动物、矿物类药材

通常动物类药材也多采用石灰干燥法和石灰埋藏法。动物药大多须经加工炮制后才可供临床药用。如蛤蚧为壁虎科动物蛤蚧除去内脏的干燥物，易蛀，霉季前可用文火复烘干燥，但不能用硫黄熏，以免影响品质。也可在贮存容器内伴放一些花椒、吴茱萸，这样可防止药材生虫，这种方法称为对抗贮存法。主要是两种或种以上药材同贮，利用其特殊气味能相互克制起到防虫、防菌的作用。还有一些动物类药材可采用此方法，如蕲蛇或白花蛇与花椒、大蒜同贮，土鳖虫和大蒜同贮，鹿茸和细辛、花椒同贮等。矿物质类药材应保存于密封坛、缸、罐内，并置于阴凉处，防止风化。如硼沙、芒硝等。

7. 贵重药材

低温贮藏：一般在低温（0~10℃）条件下贮存，即可杀灭药材的害虫，防止霉菌生长。如鹿茸、人参、蛤蟆油等。密封保存：一些贵重药材常因虫蛀霉烂而变质。可采用适当加热、干燥处理，待冷却后密封在塑料袋内，即可长期存放；若能结合真空包装则效果更佳。

8. 剧毒药材

这类药物主要有马钱子、乌头类、巴豆等，在贮藏过程中，一般不变质。但因其毒性大，保存时必须具有高度的责任心，严格按照毒剧药品的管理办法之规定加强管理。对所用容器每味各异，标签警示分明，定期检查校对，使账物相符。

总的来说，贮存中药材均应选择阴凉、干燥、通风环境，温度一般不超过30℃，相对湿度控制在35%~75%。同时要根据药材及饮片的性质和加工方法进行分类保管。

二、质量分级

中药材质量常按加工等级、加工方法、产地、生长采收期、颜色、包装和质量等分别进行分级。

（一）按加工等级

1. 按初加工分级

初加工分级方面有统货、选货、大选、小选、特选、一级、二级、三级、四五混级、级外投料，其中统货就是大小货混在一起的一种规格。分级常见的品种有白芍、生地、天麻，另外，像三七、人参、川芎、西洋参也有类似分级。如三七分 60 头、40 头、20 头、120 头、80 头、无数头等等级；红参有 64 支、30 支、20 支、参须之分；生晒参有 25 支、40 支、60 支之分；西洋参有长支、短支之别等。

2. 按加工净度和方法划分

如山药带有表皮者称"毛山药"，除去表皮并搓圆加工成商品的称"光山药"。其他的如毛香附与光香附；个茯苓与茯苓块；生晒参与红参；毛壳麝香与麝香仁等。

（二）按加工方法

有清水、盐水、生统、熟统、净货、水洗等，如全蝎有清水和盐水之分，地黄有生地熟地之别（其实生地和熟地为两种药，但出自一种药材原料），王不留行、草决明、芦巴子有净货、含杂之分，菟丝子、车前子等小籽粒药材有水洗和净货之分。

（三）按产地

就是以产地名来区别同一种药材，如白术有亳统和浙统，甘草有新统和内蒙统，防风有关统、西统和祁统等。

（四）按生长采收期

三七因采收季节不同常分为"春七"和"冬七"二种规格。前者选生三年以下，在开花前打挖的，质地饱满、品质优；后者为秋冬季结籽后采收，体大质松品质次。连翘根据采摘早、晚不同时间的果实，将色黄老者称"老翘"，色青嫩者称"青翘"。

（五）按颜色

连翘有青黄、丹皮分黑丹（没去外皮）和白丹（也称刮丹，就是刮去外皮），常见颜色规格有黄统、青统、黑统、白统、红统等。

（六）按包装

外在包装有机包、编织袋、散把、柳条把等。如袋装半枝莲和机器捆半枝莲，散把党参、柳条把当归等。

（七）按质量

质量上的规格大致分为家种和野生、国产和进口、柴质和粉质，如野生丹参和家种丹参，进口西洋参和国产西洋参，粉干姜和柴干姜等。

三、品质鉴定标准及方法

中药材有效成分是中草药在特定环境条件下的代谢产物，其种类、比例及含量等都受到生长环境的影响，在进行中草药种植时，必须检查分析所种药材与常用药材或地道药材在成分种类、各类成分含量比例有无差异，这是衡量引种是否成功的一个重要标准。色泽是药材的外观性状之一，每种药材都有自己的色泽特征。不同质量的药材采用同种工艺加工，或相同质量的药材采用不同的工艺加工，加工后的色泽，不论是整体药材外观色泽，还是断面色泽，都有一定的区别。所以，色泽是鉴别药材真伪、区别药材质量好坏、加工工艺优劣的性状之一。在中草药的种植生产中，有时需使用农药，但使用的农药种类及使用时间要严格注意，不能造成农药残留，农药残留物超过规定者禁止作为药材使用。

（一）药材品质指标

评价中药材产品品质，一般采用 3 种指标：一是化学指标，主要是指有效成分或活性成分的多少；二是物理指标，主要是指产品的外观性状，如色泽（整体外观与断面）、质地、大小、整齐度、形状等；三是安全性指标，主要是指有害物质如化学农药、有毒金属元素的含量等。

（二）药材的鉴定标准

目前，我国药材的鉴定标准分为三级，即一级国家药典标准；二级部颁标准；三级地方标准。

1. 国家药典标准

是国家对药品质量标准及检验方法所作的技术规定，是药品研制、生产、经营、使用和监督管理等均应遵循的法定依据。《中华人民共和国药典》是我们国家控制药品质量的标准，收载使用较广、疗效较好的药品，药典自 1953 年版起至 2015 年版止，共出版 10 个版本。2015 年版药典，每种药材项下写有内容：汉语拼音、拉丁名、来源、性状、鉴别、检查、含量测定、炮制、性味与归经、功能与主治、用法与用量、贮藏等。

2. 部颁标准

中华人民共和国卫生部颁发的药品标准简称部颁标准。对药典未收载的常用而有一定疗效的药品，由药典委员会编写，卫生部批准执行，作为药典的补充。值得提出的是，国家药品监督管理局新机构的成立，省、市相应机构也将会在归属方面有所变动。有关部颁标准、地方标准制定、发布、修改也将会有新的条文出台。

3. 地方标准

各省、自治区、直辖市卫生厅（局）审批的药品标准简称地方标准。此标准系收载中国药典及部颁标准中未收载的药品，或虽有收载但规格有所不同的本省、自治区、市生产的药品，它具有本地区性的约束力。

上述 3 个标准，以药典为准，部版标准为补充。凡是在全国经销的药材或生产中成药所用的药材，必须符合药典和部颁标准。凡不符合以上两个标准或使用其他地方标准的药材可鉴定为伪品。地方标准只能在本地区使用。市场上经销的药材必须经各省、市、县药检所鉴定方有效。

（三）鉴定方法

1. 基源鉴别

应用植（动、矿）物的分类学知识，对中药材的基源进行鉴别，确定其正确的学名，以保证在应用中品种正确无误。该方法是最根本的鉴定方法，是制定中药材质量标准的基础，在此基础上再进行性状、显微和理化鉴定等。具体鉴别步骤为观察样品形态—核对文献—核对标本。

2. 性状鉴别

依据对药材和饮片性状特征的描述进行鉴定。性状特征通过眼观、手摸、鼻闻、口尝、水试、火试等方法能够直接观察到，包括形状、大小、色泽、表面特征、质地、折断面、气、味和水试、火试法中的现象。该方法简单、易行、迅速，也是中药材鉴定人员必备的基本功之一。例如，通过眼观对黄芩颜色是否变绿来判断质量是否下降；通过口尝体会山楂的酸、黄连的苦、黄芪的甜等；抓一把枸杞用双手捂一阵之后，如果闻到刺激的味道，则可以肯定被硫黄熏蒸过。

3. 理化鉴别

通过物理、化学知识或仪器分析方法，鉴定中药材的真实性、纯度和品质优劣程度。其中，最实用的理化鉴定方法是色谱法和光谱法。色谱法是指利用薄层色谱、高效液相色谱、气相色谱等色谱技术及其指纹图谱鉴定中药材的方法。光谱法是通过在特定波长或一定波长范围内对光的吸收进行测定，从而鉴定中药材品种和质量的方法，包括紫外-可见分光光度法、红外分光光度法、原子吸收分光光度法等。以阿胶为例，《中华人民共和国药典》规定的理化检测项目包括水分、重金属及有害元素、水不溶物、含量测定等。按照水分测定法，水分应≤15.0%；重金属及有害元素按照铅、镉、砷、汞、铜测定法测定，铅≤5mg/kg、镉≤0.3mg/kg、砷≤2mg/kg、汞≤0.2mg/kg、铜≤20mg/kg；本品水不溶物≤2.0%；其他应符合胶剂项下有关的各项规定；含量测定按照高效液相色谱法测定，本品按干燥品计算，含 L-羟脯氨酸≥8.0%、甘氨酸≥18.0%、丙氨酸≥7.0%、L-脯氨酸≥10.0%。

4. 显微鉴别

通过显微镜对中药材的基本结构单位细胞的形态特征、内部组成进行显微分析，以确定其品种和质量。显微鉴别主要包括组织鉴别和粉末鉴别，其中，组织鉴别适用于完整的药材或粉末特征相似的同属药材，粉末鉴别适用于破碎、粉末状药材或中成药。《中华人民共和国药典》显微鉴别法中规定药材（饮片）、含饮片粉末的制剂显微制片方法，并规定对细胞壁、细胞内含物的性质、在显微镜下测量细胞及内含物的大小鉴别方法。例如，《药典》规定人参横切面的显微鉴别特征是木栓层为数列细胞、栓内层窄、韧皮部外侧有裂隙，内侧薄壁细胞排列较紧密，有树脂道散在，内含黄色分泌物；形成层成环；木质部射线宽广，导管单个散在或数个相聚，断续排列成放射状，导管旁偶有非木化的纤维；薄壁细胞含草酸钙簇晶。

5. DNA 鉴别

随着分子生物学技术在中药材鉴定领域的应用，中药材鉴定的手段从传统的形态表征扩展到遗传物质 DNA。特别是近年来微量 DNA 的 PCR 技术发展迅速，分子生物学技术与方法因特异性强、稳定性好、微量、准确等优点，被广泛应用于近缘种、珍稀种、破碎药材、腐烂药材及植物模式标本的鉴定。药典规定川贝母、酒乌梢蛇、蕲蛇的鉴定方法为 DNA 鉴定方法。以川贝母为例，检测中心使用聚合酶链式反应-限制性内切酶长度多态性方法进行 DNA 鉴定，将供试品凝胶电泳图谱与对照样品凝胶电泳图谱相对照，如果在 100～250bp 有两条 DNA 条带，则为真品；如无对应条带，则为假冒产品。

第二节　中药材质量管理 GAP 的实施

我国是全世界中药材资源种类和蕴藏量最多的国家之一，是世界第一大原料药生产和出口国、世界第二大 OTC 药物市场，即将成为全球第三大医药市场。在中药材现代化战略的推动下，我国大中药材产业逐渐形成。中药材产业是以中药材工业为主体、中药材农业为基础、中药材商业为枢纽、中药材知识经济产业为动力的新型产业。除了药品外，还包括中药材保健品、食品、饮料、化妆品、日用品、食品添加剂，中药材农药、中药材兽药、中药材饲料添加剂等。从 20 世纪 80 年代开始，我国中药材种植开始向基地培育模式发展。"九五"期间，国家科技部曾设立专项基金支持中药材种植基地的建设，自 1999 年我国提出中药材 GAP 概念、2003 年开始实施认证以来，历经十余年的生产验证，中药材规范化生产逐渐为社会各界所认同。

虽说 2016 年 2 月 15 日，国务院印发的《关于取消 13 项国务院部门行政许可事项的决定》，规定取消中药材生产质量管理规范（GAP）认证，但为进一步推进实施中药材生产质量管理规范，保证中药材质量安全和稳定，国家食品药品监督管理总局于 2017 年 10 月 27 日发布《中药材生产质量管理规范（修订稿）》，向社会公开征求意见。

在中药材生产中，从种子和繁殖材料、栽培、灌溉、收获、初级加工、包装、储藏和运输、设备、人员和设施、书面记录、教育以及质量保证等方面严格执行《中药材生产管理规范》（GAP），同时在 GAP 的实施过程中，还应该加强以下几个方面。

（一）重点任务

1. 加强野生中药材资源保护

（1）全面开展并完成第四次全国中药材资源普查任务，建立完善的市、县中药材资源普查数据库。

（2）加大濒危中药材资源保护力度，实施野生中药材资源保护工程，鼓励支持野生濒危药材品种的人工种植研究与开发。

2. 推进大宗优质中药材生产基地建设

（1）建设 1~2 种大宗优质中药材规范化、规模化、产业化种植养殖基地。优化布局，引导大宗优质中药材集聚发展。

（2）推进中药材良种种苗专业化、标准化、规模化繁育基地建设。选用白芍、桔梗、当归等道地中药材优良品种，建立中药材良种种苗繁育基地。

（3）提高中药材生产组织化水平。引导大企业、大集团建立绿色环保中药材种植养殖基地。支持中药材种植专业大户、合作社、家庭农场发展，推行"企业+基地+农户""企业+基地+合作社+农户"等运行模式，实现中药材从分散生产向组织化生产转变。支持中药材生产、研发、流通企业强强联合，共建跨区域的集中连片生产基地，突出区域特色，注重错位发展，打造道地特色中药材品牌。

3. 大力发展中药材加工产业

（1）支持中药材生产与加工重大项目建设，推进中药材产地趁鲜切制和初加工的标准化、精深加工与新产品的产业化发展。

（2）鼓励开发中药材新品种及传统验方，大力发展中药材相关健康产品，促进中药材开发利用。

（3）引导社会资本特别是国内外创业资本投入，鼓励中药材企业兼并重组，提高中药材加工产业集中度，壮大龙头企业，培育重点龙头企业上市，做大做强中药材产业。

4. 促进中药材技术研究、科技创新

（1）开展白芍、桔梗、当归等道地中药材生长发育特性、药效成分形成及其与环境条件的关联性研究，研究中药材道地性成因。

（2）深化道地药材优良品种的选育、测土配方施肥技术、中药材连作障碍机理及防治技术、病虫草害绿色防治等研究，形成优质中药材标准化生产和产地加工技术规范，指导中药材科学生产。

（3）加强药食两用植物新品种开发，组织少用、常用药材质量标准研究。开展中药材综合利用研究，为开发相关健康产品提供技术支撑，并开发出一批新产品。

（4）开展特色中药材绿色增产攻关活动，通过开展绿色增产试验、示范、展示等活动，形成标准化栽培技术规程。

5. 持续实施绿色加道地中药材品牌建设

（1）加快制定中药材生产与产地加工标准，减少中药材生产中农药、化肥、生长调节剂使用，规范生产加工流程，保证中药材品质质量。

（2）按照道地中药材品种、商品规格及质量控制标准和道地中药材质量评价体系，督促企业完善生产、经营质量管理规范。

（3）培育中药材文化，以文化带动品牌。开展中药材文化研究，建立中药材品种园、科教园、科普园等基地，引导中药材观光旅游产业发展，促进中药材资源的开发利用。

（4）推进中药材诚信管理体系建设，实现中药材主要品种从种植养殖、加工、流通到使用全过程质量可追溯。加强中药材品牌体系建设，鼓励企业争创名牌产品、著名商标、国家地理标志产品和驰名商标。

6. 建立中药材现代物流体系

（1）鼓励行业组织和企业研究制定覆盖中药材包装、仓储和运输等全过程、各环节的标准体系，推进中药材流通体系标准化、现代化建设。

（2）积极推进"互联网+"行动计划，大力发展"互联网+中药材电子商务"，支持企业积极利用电子商务平台建立线上线下互补的营销体系。鼓励企业利用电子商务平台大数据资源，发展智能仓储体系，提升中药材物流仓储的自动化、智能化水平。推广应用现代物流管理技术，在中药材重点产区建设集初加工、包装、仓储、质量检验、追溯管理、电子商务、现代物流配送于一体的中药材仓储物流中心。

（3）建立健全主要品种流通追溯体系，建立覆盖全品种、全过程可追溯的中药材监管体系。

7. 推动中药材生产技术服务网络体系建设

（1）依托农业技术推广体系，构建中药材生产服务网络体系，促进中药材生产先进适用技术转化和推广应用。

（2）完善中药材生产技术信息网络。在中药材各主产区建设 1~2 个生产技术服务点。

（3）依托中药材生产流通企业和中药材生产企业，中药材资源储备制度，承担 1~2 个品种常用中药材储备任务，提高应急用药需求的保障能力。

（二）保障措施

1. 加大组织领导力度

成立中药材保护和发展工作领导小组，全面负责现代中药材产业发展的宏观指导、政策制定、组织协调和检查监督工作。

2. 实行节约集约发展

优先保障中药材产业发展中重大项目用地需求，合理布局，提高土地投资强度，坚持节约集约用地，保护生态环境，积极推行坡地、林下种植，加大荒山荒坡开发力度，利用非耕地种植各类中药材。采取转包、出租、转让、入股等多种方式促进农村土地和集体林地承包经营权有序流转，盘活土地资源，做好中药材产业用地保障工作。

3. 推进科技平台建设

建立中药材种植与产地加工技术、饮片炮制、中药材制药等研发中心和技术服务平台。支持企业建立产业技术创新战略联盟，完善以企业为主体、产学研用相结合的创新体系，提升现代中药材自主创新能力。建立中药材质量认证体系，培育中药材技术中介服务机构。

4. 加强行业服务监管

健全中药材质量检验检测体系，加大对中药材专业市场经销的中药材、中药材生产企业使用的原料中药材、药材饮片抽样检验力度，强化对中药材种植的农药残留和重金属含量的控制。建立中药材质量安全评价预警机制，建立健全中药材快速检验检测体系，提高检验检测能力。

第三节　我国中药材持续发展的理念和策略

根据《全国道地药材生产基地建设规划（2018—2025

年）》，到 2020 年，要建立道地药材标准化生产体系；到 2025 年，要健全道地药材资源保护与监测体系，构建完善的道地药材生产和流通体系。规划期间，每年在全国建设道地药材生产基地的面积要达到 300 万亩以上。到 2025 年，全国建成道地药材生产基地总面积达到 2 500 万亩以上，良种覆盖率达到 50% 以上，绿色防控实现全覆盖。因此，中药材生产要坚持持续发展的理念，采取策略，通过标准化体系的建设来实现这一目标。

一、中药材产业持续发展的理念

（一）树立发展大中药材产业的理念

巩固中药材工业商业，积极发展中药材相关产业，提升中药材产业的发展规模和水平，建设以企业为主体、以科技为依托、以农业为基础、以市场为导向的现代大中药材产业体系。要优化大中药材产业发展环境，制定和完善大中药材产业发展相关法规和规划。设立大中型药材产业专项资金，继续加大对中药材产业投资和科技研发的支持力度。要通过重组、兼并、融资等市场化手段，建立大中型药材企业。

（二）市场与信息是中药材种植业关键

以农业为基础的中药材产业化，就是以千家万户的自主生产为基础，依靠龙头企业及多种中介组织的带动，把千家万户的药农与千变万化的市场结合起来。要采取农、工、贸一体化，产、供、销一条龙等形式，将中药材产前、产中、产后各环节联结起来，实行一体化经营，引导中药材生产由供给型向效益型转变。中药材的生产经营活动一旦脱离了市场信息，中药材种植极易产生盲目性，造成产量大起大落，价贱伤农，影响生产和市场供应。因此，认真研究和分析市场需求变化和价格动态，指导中药材的生产和种植。

（三）提高科技创新能力

要建立以企业为主体，高等院校和科研机构为技术依托的产学研联盟，建立在市场机制下的合作模式和运行机制，促进科研成果转化，综合开发中药材优势特色资源与产品，培育壮大国内外市场，促进中药材产品结构调整，推进中药材现代化、产业化进程。加强中药材基础研究和创新能力建设要从资金和政策两方面去做。包括：加强国家创新研究基地的建设；加强以企业为核心的自主创新能力建设；加强知识产权的保护实施力度；加强科技成果转化能力建设；扶植科技型中小企业；构建中医药标准化研究中心、中药材化学对照品中心、中医药临床疗效评价中心、中医药信息网络中心。支持开展行业共性技术研究的国家中药材工程中心建设；加快中医药国家重点实验室建设等。

（四）建立中药材质量标准体系

没有标准是走不远也走不长的。目前我国还未能建立适合中药材特点的质量控制标准体系，这不利于中药材产业本身的发展，也阻碍了中药材走出国门。要逐步建立完善国家质量标准，将指标成分含量测定、浸出物测定、杂质检查、水分测定、重金属测定、农药残留量检测、微生物限量检测等有选择地列入药材质量标准或相应的饮片和制剂质量标准，保证中药材产品质量的稳定。还要健全 GAP 认证的配套标准，增强认证客观性和可操作性；淘汰未通过 GMP 认证的中药材饮片企业，对药品销售企业执行 GSP 情况进行监管，杜绝假冒伪劣中药材的流通。

（五）增强中药材产业的市场营销能力

营销是企业与市场联系的桥梁，一个企业的营销能力是企业生产技术、服务技术和管理技术水平的综合体现，增强中药材企业的营销能力是中药材产业发展的重要动力。没有营销的企业巨人最终是破产的矮子，卖不出去的商品就是废品。

（六）加强中药材人才的培养

中药材从业人员是中药材生产的主体，其素质高低决定着行业兴衰。要把"人才强药"作为中药材现代化和各个企业的战略核心，努力培养高素质的中药材研发与生产人才，增强企业的自主创新能力。目前除研发人员外，中药材企业最缺的是管理人才和市场策划营销人才，也就是缺乏既懂中医药又懂企业管理经营的复合型人才。

（七）注重资源保护

我国拥有丰富的中药材资源，具有发展壮大中药材产业的天然优势。中国中医科学院中药材研究所统计，按来源分类，中药材资源可分为药用植物、药用动物和药用矿物 3 种，分别有11 146 种、1 581 种和80 种；按使用情况可分为中药材、民族药和民间药 3 种，分别有1 200 多种、4 000 多种和7 000 多种。面对如此丰富的资源，国家正在开展中药材资源普查，建立中药材动植物培育园区，加强珍稀濒危品种的替代品研究。全体中药材行业要树立保护、利用、开发中药材资源的观念。

（八）重视中药材知识产权的保护工作

中药材知识产权的保护，是中药材产业化的一个战略问题，保护研制者、生产者、经营者和使用者的利益，对于维护中药材产业健康、有序、持续、快速发展能够起到积极的促进作用。中药材知识产权包括商标权、专利权、商业秘密等内容。注重商标保护和专利保护，对于中药材产业的发展显得更为重要。

（九）加强国际合作，走向世界医药市场

由于文化背景的不同和中西医药的差异，部分国家对中药材还不了解或不接受。因而，要增强国际间交流合作，通过在国内招收国际中医药留学生和举办中医药国际培训，在国外开设中医药学校和中医院等形式，努力使国际社会更多地了解中医独特的

治病理论以及中药材独到的治疗效果，同时加大出口贸易和市场运作，从而使他们逐步接受中医药，使中医药不断扩大国际市场的份额。要学习借鉴日本和韩国的经验，大力推进中药材的出口。

二、中药材产业持续发展的策略

（一）道地药材种子种苗繁育体系建设

（1）濒危稀缺道地药材种质资源保护　建设濒危稀缺道地药材生产基地，开展野生资源保护和抚育，加强野生抚育与人工种植驯化技术研究。

（2）道地药材良种繁育　分品种、分区域集成道地药材种子种苗繁育技术规范，开展道地药材提纯复壮、扩大繁育和展示示范，提升优良种子（苗）供应能力。

（3）道地药材品种创新　加大科研联合攻关力度，加快现代生物技术在中药材育种领域的应用，选育一批道地性强、药效明显、质量稳定的新品种。

（二）道地药材标准化生产体系建设

（1）生态种植技术　在全国道地药材生产基地开展测土配方施肥、有机肥替代化肥行动，减少化肥用量，减轻面源污染。开展物理防治、生物防治等绿色防控技术，减少农药用量，提升药材品质。

（2）机械化生产技术　研发推广适用于各类道地药材生产、采收、加工、病虫害防控的高效实用机具，提升道地药材生产效率。

（3）信息化管理技术　加快人工智能、环境监测控制、物联网等信息化技术在道地药材生产的应用，提升道地药材生产信息化水平。

（三）　道地药材生产服务体系建设

（1）道地药材经营主体培育　推动专业大户、家庭农场、农民合作社等新型经营主体参与道地药材生产，加快道地药材生产由分散生产向规模化生产转变。

（2）创新生产经营模式　引导构建"龙头企业+合作社+基地""龙头企业+种植大户+基地"等生产经营模式，鼓励社会资本参与道地药材生产，支持开展强强联合、共建共享。

（3）道地药材产销信息监测体系　构建道地药材产销信息监测网络，适时发布信息，引导合理安排生产，促进产销衔接。

（4）道地药材流通体系　加强道地药材产品营销，推动产销衔接，大力发展道地药材流通新业态、新模式，构建完善的道地药材流通网络。

（5）道地药材技术推广体系　构建道地药材生产服务网络，加强道地药材生产标准化集成技术的推广应用，促进基地建设健康发展。

（四）　道地药材产地加工体系建设

（1）产地加工能力建设　在继承与研究道地药材传统加工技艺基础上，制定道地药材产地技术规范，建设清洁、规范、安全、高效的现代化药材加工基地，综合运用化学、生物、工程、环保、信息等技术，提高药材质量。

（2）产地贮藏能力建设　加快道地药材生产基地产地贮藏设施设备建设，应用低温冷冻干燥、节能干燥、无硫处理、气调贮藏等新技术，提升药材保鲜能力，最大程度保持药效。

（3）综合利用能力建设　对药材生产过程产生的非药用部位、药材及饮片加工过程产生的下脚料等进行资源化利用，延伸产业链，提高综合收益。

（五）道地药材质量管理体系建设

（1）道地药材标准体系　制定道地药材种子种苗等产品质量标准以及药材商品规格等级标准，完善道地药材田间管理、投入品使用、科学采收、产地加工、包装贮藏等技术体系。

（2）道地药材质量检测体系　围绕道地药材生产基地建设，健全中药材检测机构，提升检测能力，完善检测制度，加大抽样检测力度，鼓励第三方检测机构参与道地药材质量检测。

（3）道地药材可追溯体系　构建道地药材全程质量管理体系，完善投入品管理、档案记录、产品检测、合格证准出等制度，实现全程可追溯，确保产品质量安全。

参考文献

安英. 2005. 当归高产优质高效栽培配套技术研究与示范 [D]. 兰州：甘肃农业大学.

曹海禄，王卫权. 2015. 我国中药材种植业现状与发展建议 [J]. 中国现代中药，17 (8)：753-755.

曹亮，金钺，魏建和，等. 2009. 荆芥选育品系农艺性状及品质性状比较 [J]. 中国中药杂志，34 (9)：1 075-1 077.

常瑛，陈凌娜，李彦荣，等. 2010. 盐胁迫对两种野罂粟种子萌发的影响. 耕作与栽培 (2)：3-4.

常瑛，李彦荣，李润喜，等. 2018-08-14. 一种水肥一体化滴灌装置：中国，zl 2018 2 0046617. 0 [P].

常瑛，李彦荣，李润喜，等. 2018-08-14. 一种小粒种子发芽试验装置：中国，zl 2018 2 0046636. 3 [P].

常瑛，李彦荣，魏玉杰，等. 2010. 野罂粟种子的耐高温试验初报 [J]. 种子世界 (7)：26-27.

常瑛，李彦荣，魏玉杰，等. 2011. 罂粟种子活力丧失规律研究. 南方农业学报，42 (8)：882-885.

常瑛，李彦荣，张梅秀，等. 2018-10-02. 一种污染组培瓶：中国，zl 2018 2 0036366. 8 [P].

常瑛，李彦荣. 2012. 马铃薯脱毒试管苗繁殖及温室移栽技术研究 [J]. 湖南农业科学 (17)：43-45.

陈慧，杨志玲，袁志林，等. 2014. 白术连作根际土壤的理化性质及微生物区系变化 [J]. 植物资源与环境学报，23 (1)：24-29.

陈士林，黄林芳，陈君，等. 2011. 无公害中药材生产关键技术研究 [J]. 世界科学技术——中医药现代化，13 (3)：436-444.

陈士林.2011.中国药材产地生态适宜性区划［M］.北京：科学出版社.

崔云玲，郭天文，郭永杰，等.2009.黄芪高产平衡施肥效应研究［J］.安徽农业科学，37（17）：7 991-7 992.

单成钢，张教洪，朱京斌，等.2011.我国药用植物种子生产研究现状与发展对策［J］.现代中药研究与实践，25（4）：14-15.

淡红梅，祁建军，周丽莉，等.2008.丹参种子质量检验方法的研究［J］.中国中药杂志，33（17）：2 090-2 093.

丁如贤，郑水庆，邢受婷，等.2007.决明多倍体的诱导与鉴定［J］.中草药，38（7）：1 090-1 092.

杜家方，尹文佳，张重义，等.2009.不同间隔年限地黄土壤的自毒作用和酚酸类物质含量［J］.生态学杂志，28（3）：445-450.

高群，孟宪志，于洪飞.2006.连作障碍原因分析及防治途径研究［J］.山东农业科学（3）：60-63.

高微微，陈震，张丽萍，等.2006.药剂消毒对西洋参根际微生物及根病的作用研究［J］.中国中药杂志，31（8）：684-686.

耿士均，王波，刘刊，等.2012.专用微生物肥对不同连作障碍土壤根际微生物区系的影响［J］.江苏农业学报（4）：159-164.

郭冠瑛，王丰青，范华敏，等.2012.地黄化感自毒作用与连作障碍机制的研究进展［J］.中国现代中药，14（6）：33-37.

郭兰萍，黄璐琦，蒋有绪，等.2006.药用植物栽培种植中的土壤环境恶化及防治策略［J］.中国中药杂志，31（9）：714-717.

郭巧生，厉彦森，王长林.2007.明党参种子品质检验及质量标准研究［J］.中国中药杂志，32（6）：478-481.

国家技术监督局.1995.农作物种子检验规程：GB/T 3543-1995［S］.北京：中国标准出版社.

韩春艳，张蕊蕊，孙卫邦.2014.三七种子质量分级标准的研究［J］.种子，33（4）：116-118.

胡展育，游春梅，张铁，2011.三七连作障碍的探讨［J］.文山学院学报，24（3）6-9.

及华，张海新.2018.我国中药材种类介绍［J］.现代农村科技（12）：

106-107.

蒋国斌, 谈献和 . 2007. 中药材连作障碍原因及防治途径研究 [J]. 中国野生植物资源, 26 (6): 32-34.

颉红梅, 刘效瑞, 李文建, 等 . 2008. 甘肃当归新品系 DGA2000-02 的选育研究 [J]. 原子核物理评论, 25 (2): 196-200.

雷志强, 张寿文, 刘华, 等 . 2007. 车前种子种苗分级标准的研究 [J]. 江西中医学院学报, 19 (5): 65-67.

李娟, 黄剑, 张重义, 等 . 2011. 地黄化感自毒作用消减技术研究 [J]. 中国中药杂志, 36 (4): 405-408.

李明, 姚东伟, 陈利明, 等 . 2004. 我国种子丸粒化加工技术现状 [J]. 上海农业学报, 20 (3): 73-77.

李彦荣, 常瑛, 王新盛, 等 . 2010. 转 Chi-Glu 基因野罂粟植株卡那霉素筛选技术 [J]. 贵州农业科学, 38 (12): 34-36.

李彦荣, 常瑛, 魏玉杰, 等 . 2012. 温度胁迫对罂粟种子萌发影响及其活力变化规律的研究 [J]. 广西植物, 32 (5): 674-678.

李彦荣, 常瑛, 魏玉杰 . 2008. 试管苗快繁技术在葡萄产业中的应用 [J]. 现代农业科学, 15 (10): 50-51.

李彦荣, 魏玉杰, 陈凌娜, 等 . 2013. 转芪合酶基因罂粟植株草甘膦筛选方法研究 [J]. 湖南农业科学 (11): 6-8.

李彦荣, 魏玉杰, 谢忠清, 等 . 2016. 武威平原区饮用水源地土壤六六六和滴滴涕残留特征研究 [J]. 干旱区资源与环境, 30 (4): 197-202.

李永平, 关亚静, 马文广, 等 . 2011. 磁粉对烟草丸化种子萌发及幼苗生长的影响 [J]. 浙江农业学报, 23 (5): 1 073-1 077.

李增轩 . 2012. 掌叶大黄种子种苗质量标准研究 [D]. 兰州: 甘肃农业大学 .

李振方, 杨燕秋, 谢冬凤, 等 . 2012. 连作条件下地黄药用品质及土壤微生态特性分析 [J]. 中国生态农业学报, 20 (2): 217-224.

林玉红 . 2012. 中药材专利保护简要研究 [J]. 中国发明与专利 (7): 24-25.

蔺海明 . 2011. 甘肃省中药材产业现状与发展取向 [J]. 中国现代中

药，13（6）：16-19.

刘德辉，郭巧生，孙玉华，等．2000. 苏北中药材种植地土壤肥力衰退原因及恢复对策［J］. 土壤通报，31（2）：76-78.

刘红彦，王飞，王永平，等．2006. 地黄连作障碍因素及解除措施研究［J］. 华北农学报，21（4）：131-132.

刘莉，刘大会，金航，等．2011. 三七连作障碍的研究进展［J］. 山地农业生物学报，30（1）：20-24.

芦光新，李希来，乔有明，等．2011. 丸粒化处理对几种牧草种子萌发及生理特性的影响［J］. 草地学报，19（3）：451-457.

陆善旦，黄辉，赵胜德，等．2000. 野生中药材栽培技术［M］. 上海：上海科学普及出版社.

吕殿青，王全九，王文焰，等．2002. 膜下滴灌水盐运移影响因素研究［J］. 土壤学报，39（6）：794-801.

马承铸，顾真荣，李世东，等．2006. 两种有机硫熏蒸剂处理连作土壤对三七根腐病复合症的防治效果［J］. 上海农业学报，22（1）：1-5.

毛鹏飞．2011. 药用菊花种苗分级标准及其繁育技术的初步研究［D］. 南京：南京农业大学.

师凤华，魏建和，凌征柱，等．2011. 桔梗雄性不育系的 F1 杂交组合农艺性状表现［J］. 中药材，34（12）：1 815-1 818.

苏宁宁，张丽萍，王艳芳，等．2012. 党参种子发芽率调查研究［J］. 中国农学通报，28（4）：294-298.

孙雪婷，龙光强，张广辉，等．2015. 基于三七连作障碍的土壤理化性状及酶活性研究［J］. 生态环境学报，24（3）：409-417.

滕中秋，申业．2015. 药用植物基因工程的研究进展［J］. 中国中药杂志，40（4）：594-601.

王朝梁，陈中坚，孙玉琴，等．2007. 秋水仙碱诱导三七多倍体的初步研究［J］. 中国中药杂志，32（12）：1 222-1 224.

王春明，孙辉，陈建中，等．2001. 保水剂在干旱河谷造林中的应用研究［J］. 应用与环境生物学报，7（3）：197-200.

王锦秀，赵健，黄占明．2005. 枸杞与番茄属间远缘杂交研究初报

[J]. 宁夏农林科技 (3)：8-9.

王进旗，张艾，刘阳林，等. 2005. 实施 GAP 中药材规范化种植的对策和建议 [J]. 世界科学技术 (4)：74-77.

王跃华. 2006. 川黄柏多倍体诱导研究 [J]. 中国中药杂志，31 (6)：448-451.

王志芬，苏学合，闫树林. 2007. 丹参种子航天搭载的诱变效应 [J]. 现代中药研究与实践，21 (4)：6-8.

魏建和，杨成民，隋春，等. 2011. 利用雄性不育系育成桔梗新品种"中梗 1 号""中梗 2 号"和"中梗 3 号" [J]. 园艺学报，38 (60)：1 217-1 218.

文浩，任广喜，高雅，等. 2014. 欧李种子质量检验规程及分级标准研究 [J]. 中国中药杂志，39 (21)：4 191-4 196.

吴才祥，杨晟永，葛芝富. 2007. 天麻远缘杂交育种初报 [J]. 湖南林业科技，34 (1)：23-25.

吴朝峰，马雪梅. 2018. 不同平衡施肥方式对金银花叶片的生理指标、产量及品质的影响 [J]. 中国园艺文摘，(3)：32-34.

吴林坤，黄伟民，王娟英，等. 2015. 不同连作年限野生地黄根际土壤微生物群落多样性分析 [J]. 作物学报，41 (2)：308-317.

谢伟玲，柴胜丰，王满莲，等. 2015. 块根紫金牛种苗质量分级标准研究 [J]. 中国农学通报，31 (25)：151-156.

谢忠清，王军强，魏玉杰，等. 2015-11-04. 一种甜叶菊大田点播覆膜机：中国，zl 2015 2 0478703. 5 [P].

严硕，高文远，路福平，等. 2010. 药用植物空间育种研究进展 [J]. 中国中药杂志，35 (3)：385-388.

杨春雨，魏建和，朱平，等. 2008. 南繁不同株系桔梗抗病性比较研究 [J]. 传统医药，17 (6)：54.

姚东伟，李明. 2010. 矮牵牛种子丸粒化包衣研究初报 [J]. 上海农业学报，26 (3)：52-55.

于福来，刘风波，王文全，等. 2012. 甘草种苗质量分级标准研究 [J]. 中国现代中药，14 (12)：36-39.

曾桂萍，章峰，李忠，等. 2014. 白术种子品质检验及质量标准研究

[J]．种子，33（11）：112-114．

张辰露，孙群，叶青．2005．连作对丹参生长的障碍效应［J］．西北植物学报（5）：91-96．

张汉明，许铁峰，郭美丽，等．2002．药用植物的多倍体育种［J］．中草药，33（7）：1-3．

张雷，李小燕，牛芬菊，等．2011．旱地微垄地膜覆盖沟播栽培对土壤水分和胡麻产量的影响［J］．作物杂志（4）：95-97．

张利霞，李明月，魏冬峰，等．2018．平衡施肥对油用牡丹生长与种子产量的影响［J］．甘肃农业大学学报，53（5）：58-68．

张庆生，石上梅，张树杰．2005．中、日、韩有关中药农药残留与重金属控制概况［J］．中医药学报，33（6）：1-2．

张仕江，金仕勇，张明．2002．浅谈中药材的农药重金属污染与防治［J］．世界科学技术—中医药现代化，4（4）：72-74．

张彦才，刘明分，李若楠，等．2007．种子丸粒化技术及其研究进展［J］．作物研究，21（3）：173-175．

张重义，牛苗苗，李娟，等．2011．地黄源库关系的变化及其与连作障碍的关系［J］．生态学杂志，30（2）：248-254．

张子龙，王文全．2009．药用植物连作障碍的形成机理及其防治［J］．中国农业科技导报，11（6）：19-23．

赵东岳，李勇，丁万隆，等．2011．金莲花种子品质检验及质量标准研究［J］．中国中药杂志，36（24）：3 421-3 424．

赵连华，杨银慧，胡一晨，等．2014．我国中药材中重金属污染现状分析及对策研究［J］．中草药，45（9）：1 199-1 206．

赵蓉．2016．我国污染的系统评价［D］．北京：北京中医药大学．

郑亭亭，隋春，魏建和，等．2010．北柴胡2号和北柴胡3号的选育研究［J］．中国中药杂志，35（15）：1 931-1 934．

中国科学院植物研究所．1961．中国经济植物志（下册）［M］．北京：科学出版社．

中国科学院中国植物志编辑委员会．2004．中国植物志［M］．北京：科学出版社．

中华人民共和国对外贸易经济合作部．2001．中华人民共和国外经贸行业标准（WM2-2001）：药用植物及制剂进出口绿色行业标准［S］. 北京：中国标准出版社.

中华人民共和国国家标准. 1995. 农作物种子检验规程［S］. 北京：中国标准出版杜.

朱永永，张恩和，何庆祥，等. 2007. 连作对罂粟光合速率日变化的影响［J］. 甘肃农业大学学报，42（5）：61-65.

朱再标. 2005. 柴胡配方施肥及需水规律研究［D］. 陕西杨凌：西北农林科技大学.

庄月娥，陈华观. 2015. 药用植物连作障碍及其分子生态机制研究进展［J］. 海峡药学，27（11）：5-6.

Bi X B, Yang J X, Gao W W. 2010. Autotoxicity of phenolic compounds from the soil of American ginseng（Panax quinquefolium L.）［J］. Allelopathy Journal, 25（1）：115-122.

Gilreath J P, Santos B M, Motis T N. 2008. Performance of methyl bromide alternatives in strawberry［J］. Hort Technology, 18（1）：80-83.

Hassani N. 1993. Potential Pb Cd Zn sandysoils after different irrigation period sewageeffluent［J］. Water Air Soil Pollut, 66（3）：239-243.

He C N, Gao W W, Yang J X, et al. 2009. Identification of autotoxic compounds from fibrous roots of panax quinque folium L［J］. Plant and soil, 318（1-2）：63-72.

Li M J, Yang Y H, Chen X J. et al. 2013. Transcriptome／degradome wide identification of R. Glutinosa miNAs and their targets：the role of miRNA activity in the replanting disease［J］. Plos one, 8（7）：68531.

Lin S, Huangpu J J, Chen T, et al. 2014. Allelopathic potential and identification of allelochemicals inpseudostellariae heterophylla rhizosphere soil in different crop rotations［J］. Allelopathy Journal, 33（2）：151-162.

Lin W X, Fang C X, Wu L K, et al. 2011. Proteomic approach formolecular physiological mechanism on consecutive monoculture problems of Rehmannia glutinosa［J］. Journal of Integrated Omics, 1

（2）：287-296.

Mazzola M, Catherine L R. 2012. Initial pythium species composition and Brassicaceae seed meal type influence extent of Pythium–induced plant growth suppression in soil [J]. Soil Biology & Biochemistry, 48: 20-27.

Nicol R W, Yousefa L, Traquairb J A, et al. 2003. Ginsenosides stimulate the growth of soilborne pathogens of American ginseng [J]. Phytochemistry, 64: 257-264.

Rice W A, Clayton G W, Lupway N Z, et al. 2001. Evaluation of coated seeds as a Rhizobium delivery system for field pea [J]. Canadian Journal of Plant Science, 81: 247-253.

Shen Q, Zhang L, Liao Z, et al. 2018. The genome of artemisia annua provides insight into the evolution of asteraceae family and artemisinin biosynthesis [J]. Molecular Plant, 11 (6): 776-788.

Tang G, Tang X, Venugopal M, et al. 2008. The art of microRNA: Various strategies leading to gene silencing via an ancient pathway [J]. Biochimica et Biophysica Acta, 1779 (11): 655-662.

Wu L, Wang H, Zhang Z, et al. 2011. Comparative metaproteomic analysis on consecutively rehmannia glutinosa–monocultured rhizosphere soil [J]. Plos One, 6 (5): 20611.

Yan L, Wang X, Liu H, et al. 2015. The genome of dendrobium officinale illuminates the biology of the important traditional Chinese orchid herb [J]. Molecular Plant, 8 (6): 922-934.

Yang Y H, Li M J, Li X Y, et al. 2015. Transcriptome–wide identificationof the genes responding to replanting disease in *Rehmannia glutinosa* L. roots [J]. Molecular Biology Reports, 42 (5), 881-892.

Zhang B, Wang Q, Pan X. 2007. MicroRNAs and their regulatory rolesin animals and plants [J]. Journal of Cellular Physiology, 210 (2): 279-289.

Zhao Y J, Wang Y P, Shao D, et al. 2005. Autotoxicity of Panax quinque foliumL [J]. Allelopathy Journal, 15 (1): 67-74.

Zhao Y P, Wu L K, Chu L X, et al. 2015. Interaction of pseudostellaria heterophylla with Fusarium oxysporum f. sp. heterophylla mediated by its root exudates in a consecutive monoculture system [J]. Scientific Reports, 5: 8197doi: 10. 1038 /srep08197.